智慧城市
电力线载波通信（PLC）应用示范案例集

上海浦东智能照明联合会　编著

江苏凤凰科学技术出版社 · 南京

图书在版编目（CIP）数据

智慧城市：电力线载波通信（PLC）应用示范案例集 / 上海浦东智能照明联合会编著. -- 南京：江苏凤凰科学技术出版社，2023.10
ISBN 978-7-5713-3771-1

Ⅰ. ①智… Ⅱ. ①上… Ⅲ. ①PLC技术－案例 Ⅳ. ①TM571.6

中国国家版本馆CIP数据核字(2023)第179474号

智慧城市 电力线载波通信（PLC）应用示范案例集

编　　著	上海浦东智能照明联合会
项目策划	凤凰空间／艾思奇　杨　畅
责任编辑	赵　研　刘屹立
特邀编辑	彭　娜
出版发行	江苏凤凰科学技术出版社
出版社地址	南京市湖南路1号A楼，邮编：210009
出版社网址	http://www.pspress.cn
总 经 销	天津凤凰空间文化传媒有限公司
总经销网址	http://www.ifengspace.cn
印　　刷	北京博海升彩色印刷有限公司
开　　本	710 mm×1 000 mm　1／16
印　　张	8.5
插　　页	4
字　　数	163 200
版　　次	2023年10月第1版
印　　次	2023年10月第1次印刷
标准书号	ISBN 978-7-5713-3771-1
定　　价	148.00元（精）

编委会

序一

《智慧城市　电力线载波通信（PLC）应用示范案例集》在编委们的协同努力下，在编著单位的大力支持下，终于和广大读者见面了。我谨代表上海浦东智能照明联合会对本书的出版表示最热烈的祝贺！对编委们为此付出的智慧和辛劳表示最衷心的感谢！

全球照明行业经历了从传统技术向半导体技术成功转型发展后，正朝着环境友好、健康安全和互联智慧方向进一步转型发展。智能照明技术，特别是照明器件互联互通为行业新的转型提供了直接支撑。正交频分复用宽带 PLC 技术的出现为智能照明互联互通提供了具有抗衰减能力强、频率利用率高、高速数据传输和抗码间干扰能力强的方案。2020 年 12 月，上海浦东智能照明联合会成功发布了团体标准《电力线载波通信（PLC）全屋互联规范》，2021 年 8 月上海浦东智能照明联合会发布了团体标准《电力线载波通信（PLC）工业照明互联规范》。在此基础上，上海浦东智能照明联合会通过成立 PLC 工作组，推动 PLC 相关标准的持续更新、PLC 设计应用培训工作和 PLC 产品认证工作，为 PLC 技术在智能照明的应用做了大量的系统性工作。

《智慧城市　电力线载波通信（PLC）应用示范案例集》的出版，既是对前期卓有成效的 PLC 技术、标准、培训、认证等方面工作的肯定，也是为 PLC 在不同应用场景下智能照明的设计、应用提供宝贵经验。本书汇积了大量智能家居场景、公共类室内场景、户外类场景的智能照明应用案例。这些案例都凝聚了照明行业内各个企业在 PLC 智能照明应用中不断探索、不断实践并不断获得成功的宝贵经验。这些案例必将为 PLC 在智能照明应用的进一步推广和发展提供信心、给出方向。

上海浦东智能照明联合会秉承立足浦东、辐射全国、跨界智能、服务照明的初心，和照明行业内外广大志同道合的企业、专家们一起，不断把 PLC 智能照明发展推向新的高度！不断为照明向环境友好、健康安全和互联智慧转型提供最好的交流、合作和发展平台。

上海浦东智能照明联合会会长　李志君

序二

电力线载波通信（Power Line Carrier Communication，PLC）是电力系统特有的通信方式。这是一种利用现有交流或直流电力线，通过载波方式将模拟或数字信号进行高速传输的技术。其最大的特点是不需要重新架设线路，只要有电线就能进行数据传输。该技术是通过调制把原有信号变成高频信号加载到电力线进行传输，在接收端通过滤波器接收调制信号并解调，得到原有信号，实现信息传递。

相较于其他无线技术，PLC 的传输速度相对较快，布设方便，但“难伺候”，电力线载波通信受外界信号干扰和噪声影响比较大。

近年来，电力线载波通信技术（PLC-IoT）随着物联网的创新实践和发展，已经有效解决了电力线路信号干扰、衰减问题，正是由于PLC技术的易部署、高可靠性等特性，PLC技术已在电表集中抄表、光伏通信以及能源监控等场景大规模应用。

家庭智能系统的兴起，也给 PLC 技术的发展带来了一个新的舞台！电力线载波通信技术作为一种智能照明的理想连接技术已经深入人心。PLC 系统具有以下几大优势特点：

① 技术成熟，成本较传统有线系统低。

② 安装方便、易部署，较无线系统能覆盖更远距离。

③ 通信稳定，控制成功率高达 99.99%。

④ 操作简单，且无惧主端设备损坏。

本书编委们详细介绍了PLC技术的原理，通过大量的案例分析，分别对智能家居（别墅、洋房等）、公共类（酒店、博物馆、教室等）、户外类（路灯、隧道、城市照明系统等）几种应用场景从技术设计方案、控制模式、照明标准、空间效果等方面进行了非常详尽的描述。

本书有助于专业人士及普通读者非常直观地理解PLC技术有关知识和实际应用，值得大家阅读！

中山大学物理学院教授　王钢

序三

PLC 技术诞生于 20 世纪 20 年代的欧美国家，当时主要应用于高压输电网络的远距离通信以及远程测量和监控场景。最早的载波频率系统（Carrier Frequency）工作于 110 kV 高压输电网络，工作频率为 150 kHz 以下，采用 10 W 的信号发送功率，可跨越 500 km 的距离。虽然技术起源很早，但是由于技术不成熟，通信故障率高等问题，并没有得到大规模的应用。

20 世纪 90 年代，随着 PLC 调制解调技术的发展演进，PLC 的可靠性得到较大提升，电力公司开始将其作为中低压配电网络的主要通信技术，用于用电负荷控制、集中式抄表等场景，工作频率主要为 0.15 MHz ~ 1 MHz。在中国，国家电网有限公司承担了研究 PLC 技术并实施落地的相关工作，协同中国电力科学研究院有限公司、国家电网通信中心等单位研制出了国内第一套传输速率为 2 Mb/s 的电力线通信产品，2001 年在沈阳建立了国内第一个电力线通信宽带接入试验小区，实现了宽带上网、视频点播、数字化小区管理等功能。从 20 世纪 90 年代到 2001 年，市场和技术创新相互推动了 PLC 技术的发展和应用，但这个阶段的电力线通信传输的可靠性仍是技术难点，通信质量和性能仍是制约其广泛应用的关键瓶颈。

从 2001 年开始，电力线通信物理层调制解调与纠错技术的不断发展以及半导体集成规模的不断扩大，使得电力线通信技术的抗干扰能力得到很大提高，PLC 技术趋于成熟。国家电网在高压（35 kV 以上）、中压（3 kV ~ 35 kV）和低压（380 V、220 V、110 V）网络中均开始大规模使用，工作频率提升到 1 MHz 以上，主要用于继电保护、故障监测、变电站智能设备通信、能源管理、集中抄表等电力行业场景。从 2001 年到 2015 年，在国家电力网络中使用了 PLC 技术的设备单元达到亿级规模，国内芯片设计公司在该领域取得了快速发展，在国内市场上同国外厂商的竞争中占据了绝对优势，并带动了 PLC 技术在其他行业的应用，如工业控制、智能家居控制等。

2015 年，华为开始研究 PLC 技术在全屋智能场景下的应用，改进 OFDM 正交频分复用、双元编解码、信道补偿等技术，解决了家庭场景干扰设备多、噪声大等问题，并于 2020 年发布了行业内首个基于 PLC 技术的全屋智能解决方案。PLC 技术正式从工业电网领域迈入智能家居领域，其高可靠、易部署的特点得到行业共同认可。国家电网的主要芯片供应商如深圳市海思半导体有限公司（以下简称海思）、深圳市力合微电子股份有限公司（以下简称力合微）、杭州联芯通半导体有限公司（以下简称联芯通）、青岛东软载波科技股份有限公司（以下简称东软）、重庆物奇微电子有限公司（以下简称物奇）等纷纷发布支持智能家居场景的 PLC 芯片，促进了更多基于 PLC 技术的产品及系统的研发生产和上市销售。

华为终端有限公司　罗正萍

序四

《智慧城市　电力线载波通信（PLC）应用示范案例集》是一本全方位介绍 PLC 应用实例的书籍，它汇集了 LED 照明行业各路精英的智慧、经验和汗水，详实地描绘了 PLC 智能照明系统、控制系统在人们生活和生产中的各种场景及应用。书中有众多实际工程案例，它对 PLC 技术的推广和普及具有重要的参考意义。作为编委会成员之一，我谨代表上海浦东智能照明联合会对参与本书编写以及支持 PLC 技术普及工作的单位、个人表示衷心的感谢！

自从 1879 年爱迪生发明碳化棉丝灯泡以来，人类电发光照明经历了钨丝灯照明、荧光灯照明、LED 固态半导体照明几个阶段，照明控制技术也从简单的开关控制到渐行渐近的智能照明时代，无线智能照明控制技术经过近十年的发展也已渐成熟。但无线技术存在信号易被屏蔽、数据易丢包等一些固有不足，而 PLC 电力线载波技术是基于有线通信，同时具有有线通信技术的可靠性和无线通信技术无须额外信号线的双重优点，这使得它在电力抄表、智能照明、全屋智能控制等应用领域逐渐得到了人们的重视。

由于近几年国际环境的变化，解决技术问题也成了国家和民族赋予企业的一个历史使命。过去的有线通信技术，如 RS485、CANbus、Konnex、DALI 等，无一例外都基于国外的标准以及协议，而 PLC 技术作为有线通信技术之一，最早规模使用源自中国（电力抄表领域），因此我们有理由将它延伸拓展，形成一套自主的标准、自主的有线通信协议，为建立独立自主的技术标准体系贡献力量，这是我作为《智慧城市　电力线载波通信（PLC）应用示范案例集》编写人员最诚挚的信念！

自主的道路没有尽止，希望通过本书，能为读者、为致力于 PLC 技术建设的工作者提供最为真实、最接地气的 PLC 应用参考案例，从而推动 PLC 技术自主化建设不断向前发展，最终实现全面普及！

惠州市西顿工业发展有限公司　周扬

前言

电力线载波通信技术（PLC）在 20 世纪 70 年代就已出现，其网随电通的便利特性，一直让这种技术受到各行业的关注。因不同运用环境下，电力线对 PLC 信号的干扰差异非常大，以致部分行业对 PLC 技术的可靠性产生了很多的误解。十年前，我国开始尝试引进国外的 PLC 技术，并将其运用在电力抄表和道路照明领域，但是过程中发现国外的 PLC 芯片无法适应国内电网环境。然后在国家电网的主导下，国内各 PLC 芯片企业开始着手研究适应中国电网的 PLC 技术，以及打通各家 PLC 芯片之间的数据链路层及应用层，实现可靠而又互联互通的 PLC 技术。目前在抄表及光伏领域，PLC 技术得到大规模的运用，PLC 设备已超亿台。

在 2017 年，以海思为首的 PLC 企业，开始着手将 PLC 技术运用到全屋家居领域，利用 PLC 技术解决射频通信不稳定的问题以及有线通信技术需要额外布网的难题。经过几年的研究，海思收集了大量数据建立了庞大的家电噪声库，通过算法过滤掉这些干扰噪声，同时针对家居环境做了通信架构的优化（PLC 技术可同时具备主从式架构和分布式架构的优点）。2020 年，华为技术有限公司正式对外发布了家居使用的 PLC 技术，同年底，上海浦东智能照明联合会发布了第一版的《电力线载波通信（PLC）全屋互联规范》，标志着 PLC 技术正式进入全屋智能领域。

本书收录了行业内先行企业将 PLC 技术运用在家庭照明、工商业照明、户外照明的各类案例，包括实景图片、布线图、系统设计图，以及该场景运用 PLC 技术的优势，为智能照明企业提供了详尽的技术资料和参考素材。

上海浦东智能照明联合会 PLC 工作组发起人
《电力线载波通信（PLC）全屋互联规范》T/SILA 001—2022 主编　贺海斌
《电力线载波通信（PLC）工业照明互联规范》T/SILA 002—2021 主编

目录

第一章
PLC 系统简介

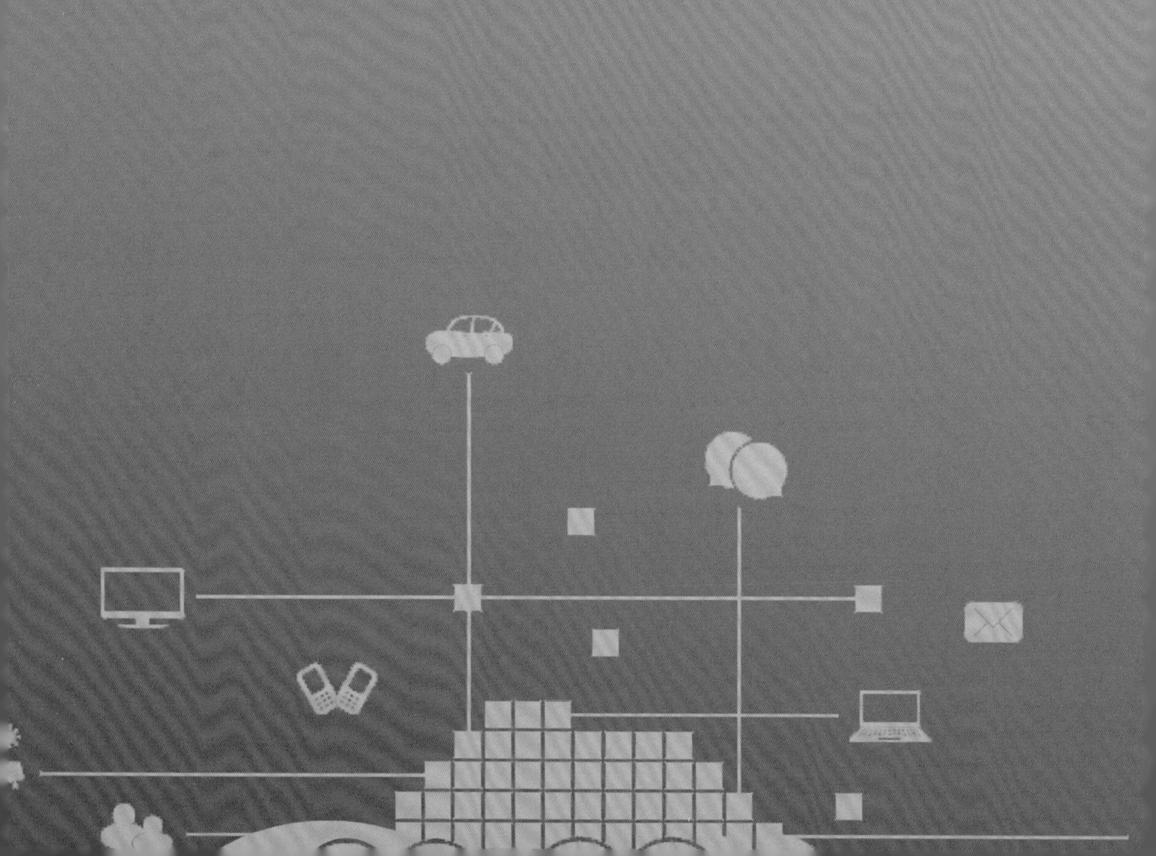

一、PLC 系统的基本原理

电力线载波通信（Power Line Carrier Communication,PLC），是一种利用现有交流或直流电力线，通过载波方式将模拟或数字信号进行高速传输的技术。其最大的特点是不需要重新架设线路，只要有电线就能进行数据传输。该技术是通过调制把原有信号变成高频信号加载到电力线进行传输，在接收端通过滤波器接收调制信号并解调，得到原有信号，实现信息传递。

目前 PLC 技术国际标准主要有电气和电子工程师协会（IEEE）P1901、HomePlugAV、ITU-T G.hn、G3-PLC、PRIME 等。

（一）电力线通信环境及载波通信技术特点

1.电力线通信环境特点

电力线是一个不稳定的高噪声、强衰减的传输通道，其特点体现在以下几个方面：

① 各种类别的用电设备，存在“时变”与“质变”两个基本特性。

② 线路阻抗低，衰减大，而且随时间不断变化。

③ 干扰强，噪声大，而且随时间不断变化。

④ 典型的干扰和噪声源包括变频器、开关电源、节能灯、各种电器等。而信号衰减则来自线路阻抗、电器接入阻抗、EMC 电容、相间耦合等。

2.电力线载波通信技术特点

① 载波信号可通过路由组网，获取通信拓扑，同时实现更远的传输距离与信号覆盖。

② 可在交流、直流供电线路，双绞线等进行信号传输。

③ 载波通信属于有线通信，不受外部无线信号影响。

④ 变压器对电力载波信号有阻隔、强衰减作用，电力载波信号只能在一个配电变压器区域范围内稳定工作。

⑤ 三相电力线间有很大信号衰减（10 ~ 30 dB），通信距离很近时，不同相间可能会收到相间耦合信号。一般电力线载波通信信号只能在单相电力线上传输，主中央协调器（CCO）设计为三相时可同时对三相电力线上的载波信号进行收发。

⑥ 通信距离受线路衰减、负载影响，当电力线空载时，点对点载波信号可传输到几千米。当电力线上负荷很重时，线路阻抗可达 1 Ω 以下，从而造成对载波信号的削减，缩短通信距离。

（二）载波通信实现原理

1.电力线载波通信调制方式

为了解决低压配电网中各因素对数据传输的影响，在电力线上传输高速数据信号一般采用下面两种技术。

（1）电力线数字扩频（Spread Spectrum Communication），即窄带PLC技术

优点：

① 抗干扰能力强，适合在低压电力线这样的恶劣通信环境下实现可靠的数据传输。

② 可以实现码分多址技术，在低压配电网上实现不同用户的同时通信。

③ 信号的功率谱密度很低，具有良好的隐蔽性，不易被截获。

缺点：扩频通信虽然抗干扰能力较强，但受其原理制约，传输速率偏低。

（2）正交频分复用（Orthogonal Frequency Division Multiplexing，OFDM），即宽带PLC技术

OFDM 技术把所传输的高速数据流分解成若干个子比特流。每个子比特流具有低得多的传输速率，并且用这些低速数据流调制若干个子载波。

优点：

① 抗衰减能力强。OFDM 通过多个子载波传输用户信息，对脉冲噪声（Impulse Noise）和信道快速衰落的抵抗力很强。同时，通过子载波的联合编码，OFDM 实现了子信道间的频率分集作用，也增强了对脉冲噪声和信道快衰落的抵抗力。

② 频率利用率高。OFDM 允许重叠的正交子载波作为子信道，而不是传统上利用保护频

带分离子信道的方式，因此提高了频率利用效率（图1.1）。

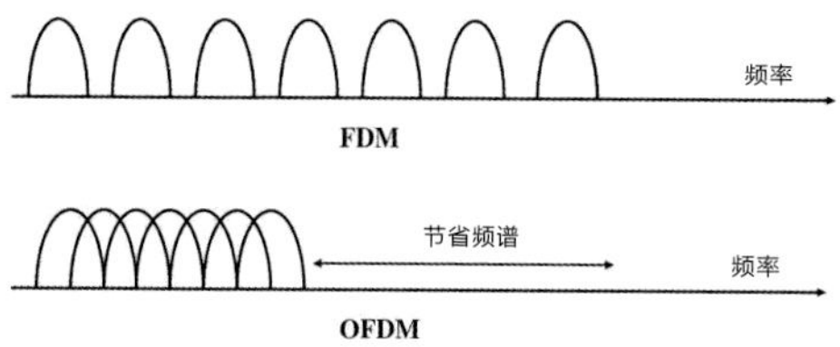

图 1.1　PLC 调制方式（图片来源：CSDN 技术社区）

③ 适合高速数据传输。OFDM 的自适应调制机制，使不同的子载波可以根据信道情况和噪声背景的情况选择不同的调制方式。OFDM 技术非常适合高速数据传输。

④ 抗码间干扰（Inter Symbol Interference，ISI）能力强。码间干扰是数字通信系统中除噪声干扰之外最主要的干扰。造成码间干扰的原因有很多。实际上，只要传输信道的频带是有限的，就会造成一定的码间干扰。因为 OFDM 采用了循环前缀，所以对抗码间干扰的能力很强。

2.电力线载波通信工作原理

电力线载波通信原理如图 1.2 所示。

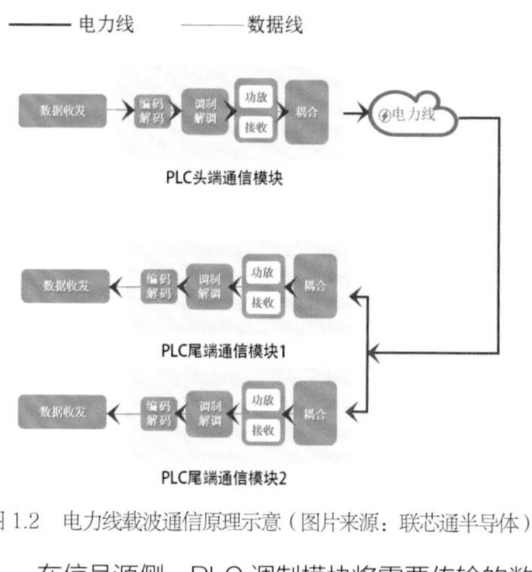

图 1.2　电力线载波通信原理示意（图片来源：联芯通半导体）

在信号源侧，PLC 调制模块将需要传输的数据信号经过编码、调制等一系列流程，调制成高频信号通过耦合电路耦合到电力线上。

在接收端，PLC 解调模块将上述数据信号从电力线上分离出高频信号并解调、解码，恢复成原有的数据信号。

简单来讲，就是将信号源发送的通信数据通过 PLC 模块、芯片调制成高频电波传输到电力线上，经过电力线传输到达数据接收端，接收端侧的 PLC 模块、芯片再将电力线中的高频电波解调，完成信息传输。

3.电力线载波通信网络模型

PLC 模型由物理层、数据链路层和应用层组成（图 1.3）。

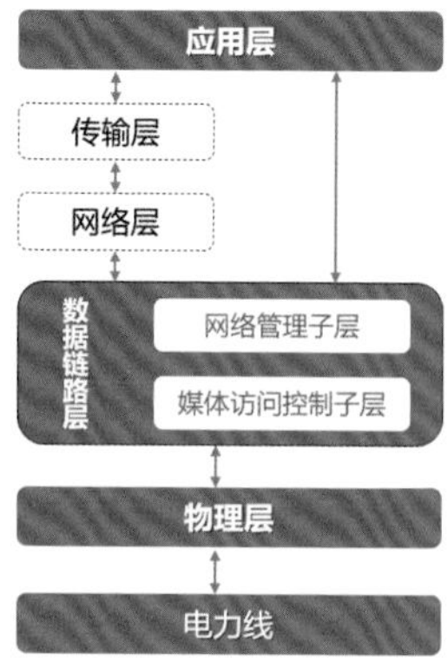

图 1.3　PLC 模型（图片来源：联芯通半导体）

4.PLC-IoT 概述

PLC-IoT（Power Line Communication Internet of Thing，即电力线通信物联网），是一种面向物联网场景、基于 HPLC/IEEE 1901.1 协议的适用于低压网络的中频带电力线载波通信技术。PLC-IoT 技术直接复用电力线进行数据传输，无须额外布设通信网络，保障物联网“最后一千米”的通信可靠、安全、高效。

优点：

① 它的工作频段范围在 0.7 MHz ~ 12 MHz，噪声低且相对稳定，信道质量好。

② 它采用 OFDM 技术，频带利用率高，抗干扰能力强。通过将数字信号调制在高频载波上，实现数据在电力线介质的高速长距离传输。

③ 它的 PLC-IoT 应用层通信速率在 100 kb/s ~ 2 Mb/s，通过多级组网可将传输距离扩展至数千米，基于 IPv6 可承载丰富的物联网协议，使末端设备智能化、实现设备全连接。

PLC-IoT 精确有效地建立了电力线通信信道传输模型，根据频率选择电力线物理特性确定最佳信号传输频率，同时通过大量的实测数据，分析获得电力线的信道特性，包括信号的衰减特性、阻抗特性、噪声特性等。针对这些特征，设计有效的抗噪声技术和抗衰减技术，最终大大地提高了电力线的通信性能，实现高速、可靠、实时的长距离通信。

PLC-IoT 广泛应用在智慧路灯、智能家居、工业照明、光伏逆变、新能源充电等领域。

5.PLC-IoT组网说明

根据布线环境和终端连接方式的不同，分为星形与树形两类组网拓扑。其中树形组网最多支持 15 级组网，可提供更大、更远的载波信号覆盖(图1.4)。

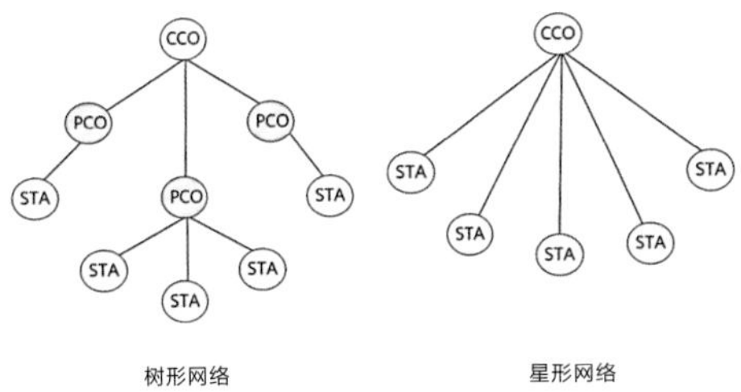

图 1.4 PLC-IoT 组网类型（图片来源：海思官网）

CCO：中央协调器（Central Coordinator），在 PLC-IoT 通信中，由 PLC 头端通信模块承担其负责末端设备的接入以及数据的接收与发送。

PCO：代理协调器（Proxy Coordinator），仅树形组网下支持，为中央协调器与站点或者站点与站点之间进行数据中继转发的站点。

STA：终端设备（Station），在 PLC-IoT 通信中，由 PLC 尾端通信模块承担，负责接收与发送电力载波信号，为终端设备提供统一的接入 PLC-IoT 网络的方式。

6.PLC-IoT组网流程

以《低压电力线宽带载波通信互联互通技术规范》Q/GDW 11612.1—2016 及 IEEE 1901.1 标准进行说明。

① 设备上电，CCO 会进行全网 PLC 检测，根据电力线通信参数到网络节点的通信参数，确定承担 PCO 和 STA 角色的节点。

② CCO 启动侦听 STA 的请求报文或者主动询问 STA，通过载波检测技术进行传输管理和控制。

③ STA 上电后会向头端 CCO 发起入网请求，根据 PLC-IoT 网络状态将请求入网报文发送给 PCO 或直接发送给 CCO，PCO 收到连接请求并认证成功后上报 CCO 请求入网，CCO 接收到后即认证完成，STA 方可加入 PLC 网络，从而进行数据通信。

二、PLC 系统的主要组成器件

（一）PLC 系统拓扑

PLC 系统支撑各类型智能设备，以及其他智能硬件等设备的适配转换，同时也完成业务特有的数据汇聚、数据再加工、设备控制指令转发等处理，定义了设备功能和数据模型，规范了各类智能设备的接入标准和接入能力，针对不同类别的设备做统一抽象和建模，使智能设备的接入规范、高效。

在 PLC 系统中有三种网络节点，分别为：CCO（中央协调器）、PCO（代理协调器）、STA（终端设备）。其通信方式采用中央调度的方式进行传输管理和控制。

CCO 一般内置于网关中，对旗下的子设备 PCO（如智能插座）和 STA（如驱动电源、智能面板、窗帘电机、传感器、转换器等）进行本地控制和管理。含 CCO 的网关亦可通过 Wi-Fi 联网接入云平台（如华为云、涂鸦云、小米云等），这样可实现手机等移动终端远程访问和管理整个 PLC 系统。

PLC 系统架构如图 1.5 所示。

图 1.5　PLC 系统架构（图片来源：和光同行）

（二）软件平台

目前国内主流的软件平台有华为智慧生活、小米米家、小度平台、阿里天猫精灵等。

① 华为智慧生活：华为全场景智能设备的统一管理平台，可以发现、连接和管理华为全场景智慧生活设备及 HiLink 生态智能产品，实现智能设备之间的互联互通，打造专属的智慧场景。

② 小米米家：小米生态链产品的控制中枢平台，集设备操控、电商营销、众筹、场景分享于一体，以智能硬件为主，涵盖硬件及家庭服务产品的用户智能生活整体解决方案。与所有小米及生态链的智能产品实现互联互通，同时也开放接入第三方的产品，致力于构建从产品智能化接入、众筹孵化、电商接入，到触达用户、控制分享的完整生态闭环。

③ 小度平台：以小度助手（DuerOS）为核心，以硬件为重要载体，跨场景布局的智能家居云平台。小度助手致力于将数字世界的内容和服务“编织”进物理世界，让人工智能时刻环绕用户左右，需要时及时响应，不需要时隐入环境，带来“环绕智能”新体验。

④ 阿里天猫精灵：阿里巴巴集团旗下 AI 智能产品平台。通过连接和控制天猫精灵系列音箱，在智能设备、智能服务、智能内容之间建立场景化联动，共同打造“懂你的家庭助手”。

（三）电力线载波通信网关、主控

PLC 网关、主控、主机是对声、光、电、传感等各种智能设备的集中管理和控制的设备，是 PLC 系统中的交互核心。北向（指 PLC 网关基于 TCP 通信侧的数据链路方向，主要是网关与互联网网络交互）与各大云平台打通，利用手机等移动终端设备实现远程控制，轻易实现设备控制、场景配置、状态获知等操作；南向（指 PLC 网关基于 PLC 通信侧的数据链路方向，主要是同一网关系统下各 PLC 设备之间的通信与交互）则使用标准 PLC 应用层协议，通过 PLC 组网控制 LED 灯、窗帘电机、智能面板、传感器等设备，支持自动快速组网，支持动态路由、多路径寻址。

1.网关（含 CCO）与终端设备（STA）组网特性

PLC 网络拓扑如图 1.6 所示。

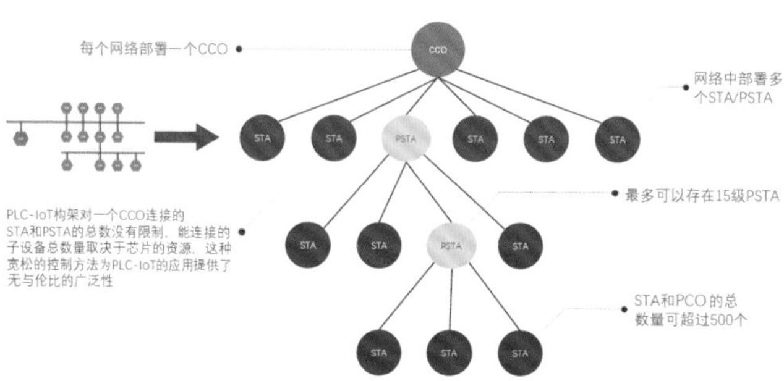

图 1.6　PLC 网络拓扑（图片来源：欧智通）

2.网关内部功能框图

网关功能框图如图 1.7 所示。

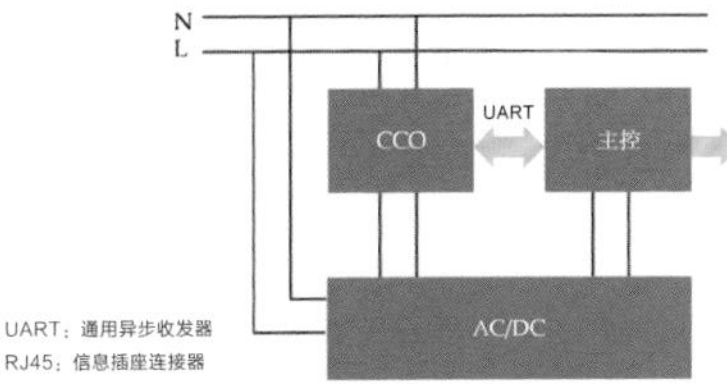

图 1.7　PLC 网关功能框图（图片来源：欧智通）

3.网关基本分类

从外在形态划分，分为带屏式和导轨式，如图 1.8、图 1.9 所示。

图 1.8　PLC 带屏式网关—面板（图片来源：奇脉电子、高事达）

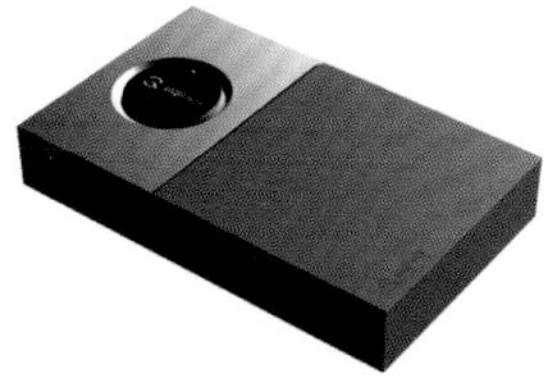

图 1.9　PLC 带屏式网关（图片来源：思麒科技）

其中，带屏式网关安装灵活，导轨式网关通常安装于强电箱内。通过网线或者无线连接本地或远程终端管理和控制 PLC 系统中的子设备。

（四）PLC-IoT 模组

1. PLC-IoT模组的技术特征

PLC-IoT 模组是把 PLC 芯片加上外围电路及底层控制软件做在一起，并集成与 w 系统相对应的应用层协议，为设备端客户提供模组化解决方案，缩短其开发周期及节省开发成本。

2. PLC-IoT模组形态类型

常见的 PLC 模组有：邮票孔形态 A、金手指形态、邮票孔形态 B、邮票孔形态 C。

（1）邮票孔形态 A

特点：贴片安装，I/O 口多，满足多键面板、传感器等子设备需求。

封装尺寸要求见图 1.10。

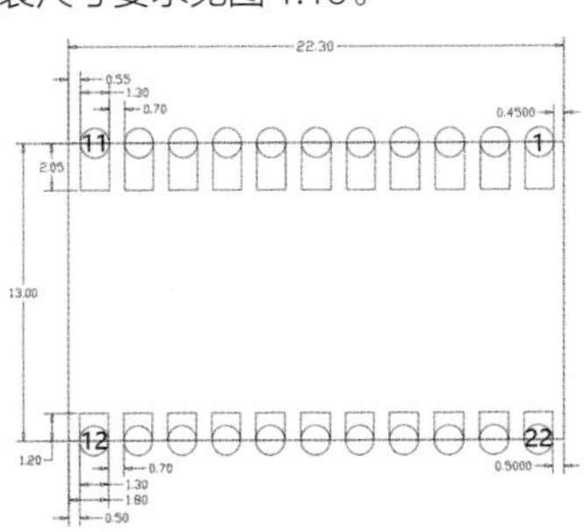

图 1.10　邮票孔形态 A 模组尺寸与引脚规范（图中单位为毫米）［图片来源：《电力线载波通信（PLC）全屋互联规范》T/SILA 001—2022 附录 D 模组尺寸及引脚定义规范］

（2）金手指形态

特点：立式安装，占用空间小，满足 LED 驱动及开关、场景面板等子设备需求。

封装尺寸要求如图 1.11 所示，印制电路板（PCB）厚度为 1.2 ± 0.1 mm，金手指开槽宽度要大于 1.3 mm。

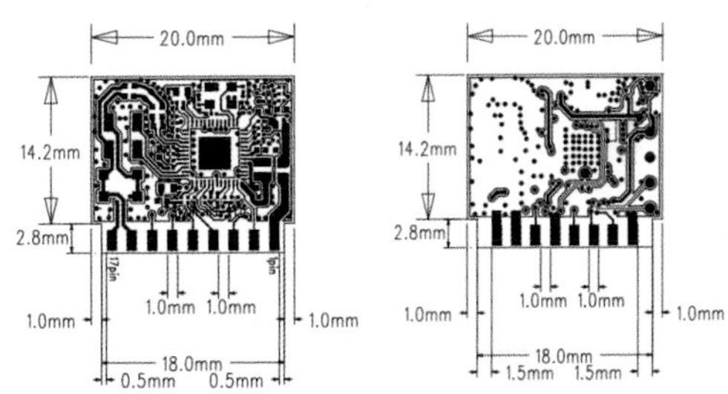

图 1.11　金手指形态模组尺寸与引脚规范［图片来源：《电力线载波通信（PLC）全屋互联规范》T/SILA 001—2022 附录 D 模组尺寸及引脚定义规范］

（3）邮票孔形态 B

特点：贴片安装，满足轨道灯、磁吸灯等子设备需求。

封装尺寸要求见图 1.12。

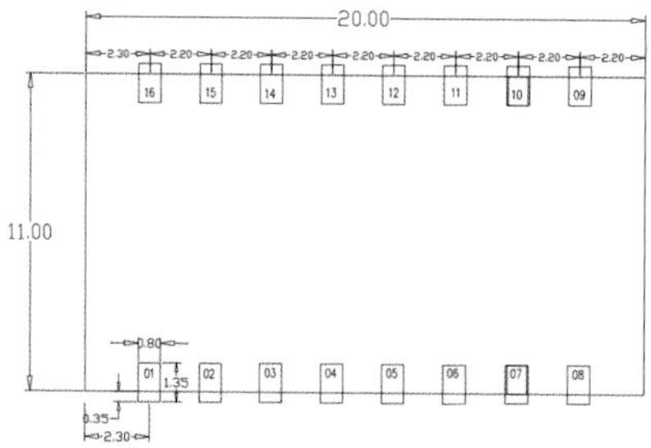

图 1.12　邮票孔形态 B 模组尺寸与引脚规范（图中单位为毫米）[图片来源：《电力线载波通信（PLC）全屋互联规范》T/SILA 001—2022 附录 D 模组尺寸及引脚定义规范]

（4）邮票孔形态 C

特点：贴片安装，满足轨道灯、磁吸灯、场景面板等子设备需求。

封装尺寸要求见图 1.13。

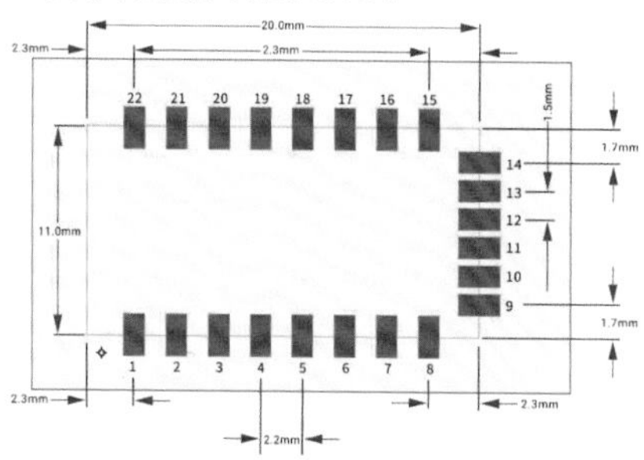

图 1.13　邮票孔形态 C 模组尺寸与引脚规范 [图片来源：《电力线载波通信（PLC）全屋互联规范》T/SILA 001—2022 附录 D 模组尺寸及引脚定义规范]

3. PLC-IoT模组软件的解决方案

PLC-IoT 模组软件的解决方案是模组厂商基于 PLC 芯片厂商的软件开发工具包（SDK）开发而来，可以为整机产品的软件研发减少开发工作量，为终端产品迅速面市提供条件。

PLC-IoT 模组厂商通过研究和评估 PLC 芯片的软件能力，充分理解 PLC 协议标准（IEEE 1901.1），为行业终端客户提供各种 PLC 软件解决方案。以下重点阐述两种比较成熟的 PLC 软件解决方案。

（1）AT指令集方案

AT 指令集是通过终端设备或电脑来完全控制短信服务的一整套 AT 指令，而 AT 指令集方案则是由模组厂商提供 PLC -IoT 模组和通用固件，终端厂商将 PLC-IoT 模组集成到终端产品中，即具备 PLC 组网通信的能力。终端厂商基于模组厂商提供 AT 指令集说明文档进行微控制单元（MCU）开发，可快速完成终端产品化。

方案如图 1.14 所示。

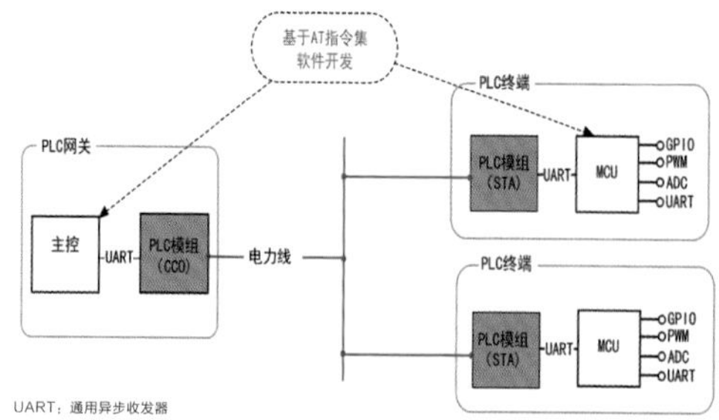

图 1.14　PLC AT 指令方案（图片来源：欧智通）

（2）OpenCPU方案

OpenCPU 是一种以模块作为处理器的应用方式，而 OpenCPU 方案是由模组厂商提供 PLC-IoT 模组和 OpenCPU SDK，终端厂商将模组集成到终端产品中，即具备了 PLC 组网通信的能力。终端厂商基于 OpenCPU SDK 进行 PLC-IoT 模组软件开发，无须外挂 MCU，降低硬件成本的同时，还可快速完成终端产品化。

方案如图 1.15 所示。

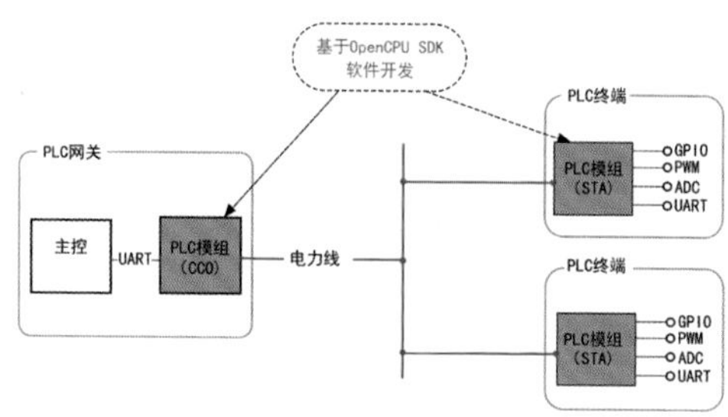

图 1.15　PLC OpenCPU 方案（图片来源：欧智通）

（五）照明驱动

LED 驱动电源作为 LED 灯具的核心器件，是将输入电源转换为特定电压、电流输出以使发光二极管发光的电路。LED 驱动电源输入包括高压工频交流（市电）、高压直流、低压直流等，输出则分为恒定电流和恒定电压两大类型。恒流驱动电源是电流恒定，输出电压与负载阻值在额定范围内成正比例关系；恒压驱动电源是电压恒定，输出电流与负载阻值在额定范围内成反比例关系。

在 PLC 系统中，LED 驱动电源内嵌 PLC 芯片实现指令、数据收发并执行相对应动作，最终达到 LED 驱动电源与系统内其他 PLC 设备联动效果（图 1.16）。

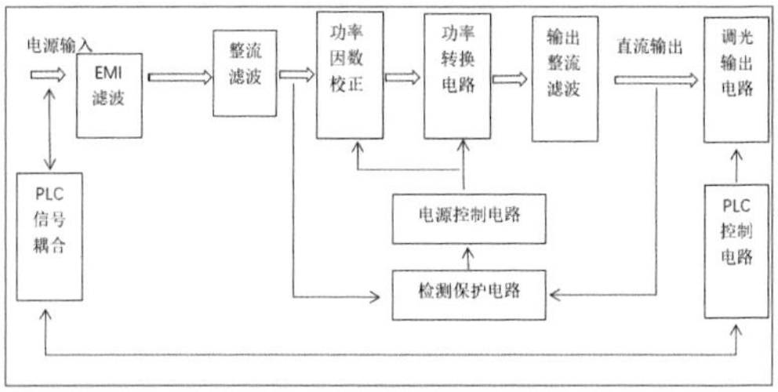

图 1.16　PLC LED 驱动电源内部原理框图（图片来源：中山托博）

1. PLC智能照明驱动电源分类

（1）按用电类型分类

PLC 智能照明驱动电源按照用电类型，主要分为以下 4 类。

① AC 恒流驱动电源：适用于恒流照明灯具，诸如筒灯、射灯、格栅灯、面板灯等，主要用于商业、酒店、办公、教育、家居等场景（图 1.17）。

图 1.17　AC 恒流驱动电源（图片来源：奇脉电子）

② AC 恒压驱动电源：适用于低压灯带、灯环（12 V、24 V）线性照明系统驱动和控制应用，主要用于商业、酒店、办公、教育、家居等场景（图 1.18）。

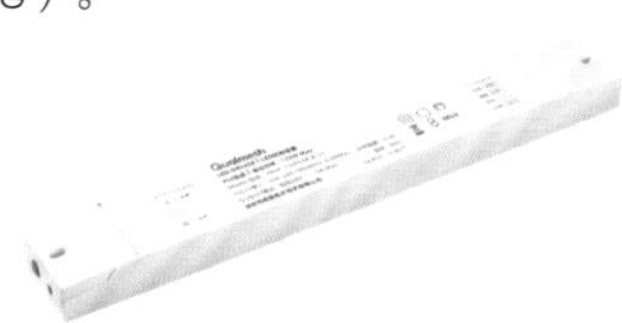

图 1.18　AC 恒压驱动电源（图片来源：奇脉电子）

③ DC—DC 驱动电源：适用于直流磁吸导轨照明系统，主要用于商业连锁店铺、展馆、酒店、办公、家居等场景（图 1.19）。

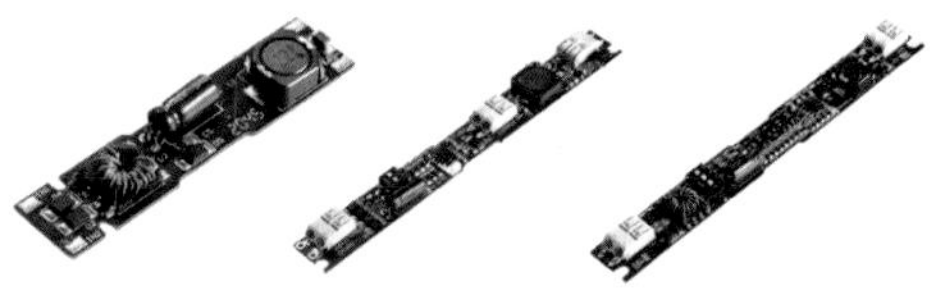

图 1.19　DC—DC 驱动电源（图片来源：奇脉电子）

④ AC 耦合恒压驱动电源：搭载特定的耦合器将电力线交流信号上的载波信号耦合至直流供电电路，与 DC—DC 驱动电源配合使用。应用于所有直流 PLC 产品线，为直流 PLC 产品（诸如直流磁吸导轨系统、窗帘电机控制等）供电的同时，实现 PLC 产品在直流和交流场景下混合搭配应用。

（2）按输出路数分类

PLC 智能照明驱动电源按照输出路数，主要分为以下 5 类。

① 1 路调光驱动电源：可实现灯具亮度调节。

② 2 路调光驱动电源：可实现灯具亮度和色温（即冷白、暖白）调节。

③ 3 路调光驱动电源：可实现灯具亮度和 RGB 颜色（即红、绿、蓝 3 色及混合色）调节。

④ 4 路调光驱动电源：可实现灯具亮度和 RGBW 颜色（即红、绿、蓝、白 4 色及混合色）调节。

⑤ 5 路调光驱动电源：可实现灯具亮度和 RGBCW 颜色（即红、绿、蓝 3 色外加暖白和冷白及混合色）调节。

2. PLC通断控制设备

在智慧照明系统中，除了 LED 驱动电源，还存在一些智能控制装置，包括继电器控制模块和弱电干触点模块。

继电器控制模块或弱电干触点模块通过内置 PLC 单元实现 PLC，从而接入到 PLC 智能化系统（图 1.20）。

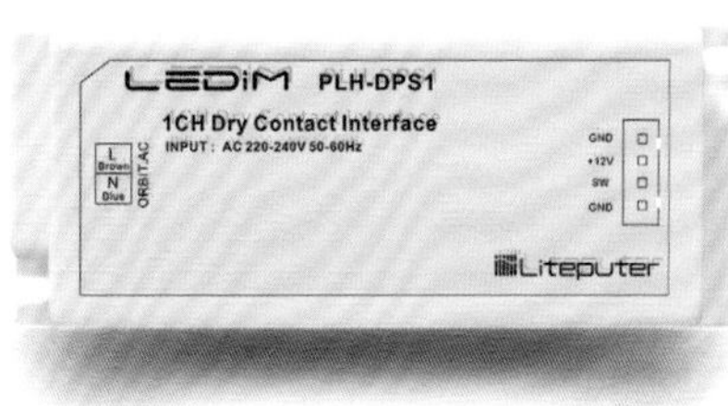

图 1.20　PLC 通断控制设备（图片来源：永林电子）

（六）面板

在智能家居中，智能开关面板是指安装在墙面底盒中的开关操作设备。一般由按键、状态指示灯、电源执行机构、通信单元等部件组成。智能开关面板实现对照明灯具、空调设备、窗帘电机、背景音乐播放器等设备的控制，还能与手机APP或者语音控制设备互联互通，实现远程控制。

按照智能开关面板用途分类，可分为以下5种。

1. 带继电器回路控制面板

面板内置继电器电源板，通过继电器控制照明灯具的开启或者闭合控制。由于智能开关兼具通信功能，可通过网络内的语音设备、传感器等其他物联网设备进行互联互动，产品适用于智能家居、智慧办公、智慧商业、智慧酒店等（图1.21）。

图 1.21 带继电器回路控制面板（图片来源：佳普科技）

2. 无继电器场景控制面板

无继电器场景控制面板是带继电器回路控制开关面板的一种拓展，本身不带继电器，通过物联网通信信号，发送相应数据指令，控制其他智能开关或者设备（如电动窗帘等）。常见的有“回家模式”“离家模式”“影音模式”“睡眠模式”等场景模式，一键开启相应情景下的设备（如客厅筒灯、窗帘、空调等）。主要应用于智能家居、智能酒店、商业办公等场所，一键实现对应场景，极大程度提升使用者的便利性。

无继电器场景控制面板按照技术分类可分为：按键式场景控制面板、触摸式场景控制面板、自发电场景控制面板（图1.22）。

图 1.22 场景控制面板（图片来源：思麒科技）

3. 旋钮调光面板

旋钮调光面板是为了满足人们在不同的情景对灯光亮度、色温等不同需求而发展形成的。通过调光面板的数据指令，实现对灯具的亮度、色温等控制，并降低LED能耗。用于家庭、办公室、会议室、学校、走廊、影视舞台、KTV、酒吧等，营造各类光线氛围（图1.23）。

图 1.23 旋钮调光面板（图片来源：思麒科技）

4. 环境调节面板（空调、地暖、新风面板）

环境调节面板可以实现对空调、地暖、新风设备的本地及远程操控功能。

可检测环境当前温度、湿度等变量，控制开关机、制冷、制热、风量等，主要用于星级酒店、会议室、医院、学校、机场以及火车站等公共场所。

由于智能环境调节面板具备物联网通信功能，使得环境调节与灯具照明、传感器等实现互联互动，实现特定场景的自动调节（图1.24）。

图 1.24 环境调节面板（图片来源：佳普科技）

5. 多功能面板

近几年，随着物联网技术的日新月异，市场上出现了集开关控制、场景控制、窗帘控制、环境控制、语音控制等多种功能为一体的多功能面板。其本质上是物联网设备的一个操作终端，通过通信数据指令，控制网络内的各种设备，如灯具、窗帘电机、空调设备、音箱喇叭等。

一般情况下，多功能面板本身不带执行部件，而是通过 PLC、ZigBee（应用于短距离和低速率下的无线通信技术）等通信指令，实现设备之间的互联互动（图 1.25）。

图 1.25　多功能面板（图片来源：永林电子）

（七）传感器

传感器是指能将所感受到的物理量，如压力、温度、光照度、声强（度）等，转换成便于测量的物理量（一般是电学量）的一类元件，简单说就是将环境物理量转换为电信号。传感器的种类很多，按照感知的类型可分为触觉、视觉、嗅觉、听觉、味觉、电磁和矢量等方面。具体涉及温度、湿度、力度、光电、气体、粉尘、拾音、降噪、化学、电磁、光电、位移、加速度等诸多传感器技术。理论上所有的物理量都能找到与之相应的传感器。

在 PLC 系统中，各类传感器内嵌 PLC 芯片实现传感数据采集或上传，最终达到传感设备与系统内的其他 PLC 设备联动效果。

在智能家居应用中，常见的 PLC 传感器有移动传感器、存在传感器、照度传感器、空气质量传感器、多功能传感器等。

1. 移动传感器

（1）雷达传感器

雷达，是英文“Radar”的音译，意思为“无线电探测和测距”，是利用电磁波探测目标的电子设备。雷达发射电磁波对目标进行照射并接收其回波，由此获得目标至电磁波发射点的距离、距离变化率（径向速度）、方位、高度等信息。

智能家居类雷达传感器根据不同的频率（如 5.8 GHz、10.525 GHz、24 GHz、66 GHz），天线类型（如单发单收、单发双收、多发多收），工作模式（如 CW 、FMCW、FSK 等），可以产生不同功能应用，对应在不同场景使用，如移动检测、距离检测、速度检测等（图 1.26）。

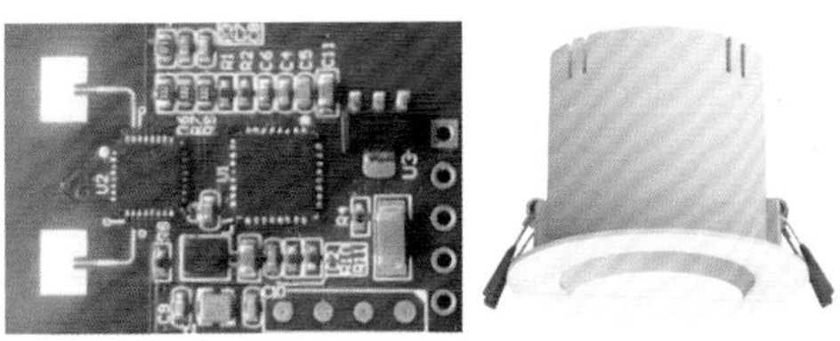

图 1.26　雷达传感器（图片来源：惠州元盛、奇脉电子）

（2）被动式红外线传感器

被动式红外线传感器是靠探测人体发射的红外线而工作的。主要原理是：人体发射的 10 μm 左右的红外线通过菲涅尔透镜增强后聚集到热释电元件聚异三聚氰酸酯（Polyisocyanurate Foam，PIR）探测器上，当人活动时，红外辐射的发射位置就会发生变化，该元件就会失去电荷平衡，发生热释电效应向外释放电荷。红外传感器将透过菲涅尔透镜的红外辐射能量的变化转换成电信号，即热电转换（图 1.27）。

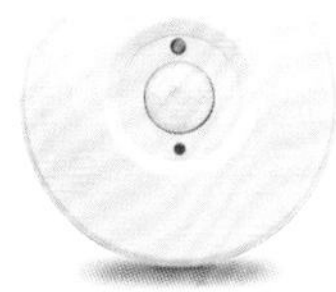

图 1.27　红外传感器（图片来源：永林电子）

2.存在传感器

存在传感器是指人员在静止状态下的检测，也就是人员即使在睡觉，静坐等状态下，也要感知到存在。

目前人体存在感知一般采用视觉、雷达或者热电堆来探测。

① 视觉识别：利用摄像头内部算法提取人的外形特征来确认是否有人存在，该方案较为可靠，成本较高。但是由于涉及隐私问题，目前在智能家居系统中一般不会采用。

② 雷达探测：利用雷达信号检测人体呼吸时的胸腔起伏产生的多普勒效应，通过软件算法判断是否是呼吸信号，从而检测到是否有人存在。同时通过算法可以判断人员是在静止状态还是在移动状态。

③ 热电堆探测：通过阵列式热电堆对人体的热量检测，从而判断是否有人存在。这种方案成本极高，并且检测范围较小，所以很少使用。

3.照度传感器

照度传感器是指采用光电效应或者光伏效应将环境亮度转换为相应的电信号的设备。其核心元件主要有光敏电阻、光敏二极管、光敏三极管等。不同的光敏元件会对应不同的波长，不同强度的光信号输出对应不同的电压值或者电阻值，以此来判断当前的环境亮度。

照度传感器主要用于环境光的采集，并且转换为相应的电信号输出。比如检测到环境亮度大于设定值，可以关闭或者调低灯光来降低能耗。或者启动窗帘，调整遮阳格栅等，达到自动调整室内亮度的效果（图 1.28）。

图 1.28 照度传感器（图片来源：永林电子）

4.空气质量传感器

空气质量传感器一般用于检测空气中污染物浓度，将其转换为电信号输出。

空气质量传感器检测的种类非常多，需要采用不同类型和检测原理的传感器。常见的有温度、湿度、气压、$PM_{2.5}$、PM_{10}、总挥发性有机化合物（TVOC）、氧气（O_2）、二氧化碳（CO_2）、一氧化碳（CO）、甲醛（CH_2O）、臭氧（O_3）、硫化氢（H_2S）、甲烷（CH_4）、二氧化氮（NO_2）、二氧化硫（SO_2）、氢气（H_2）、氨气（NH_3）检测。一般空气净化系统以检测 $PM_{2.5}$、PM_{10} 居多（图 1.29）。

图 1.29 空气质量传感器

5.多功能传感器

多功能传感器就是把几种敏感元件制作在一起，使一个传感器能同时测量几个参数，具有多种功能，这种传感器不但体积小、功能强，而且采集的信息全面，便于处理。

（八）窗帘电机

在智能家居系统中，窗帘电机是遮阳子系统中不可或缺的一部分，基本作用就是通过其本身的正反转动来带动电动窗帘沿着轨道来回运动的装置。PLC 窗帘电机更是赋予了智能家居更稳定、更可靠的智能联动，轻松打造全屋智能场景。目前在遮阳产品中，遮阳控制形式主要分为三个阶段。

阶段一：人工方式。

人工方式是传统的操作手段，一般采用人工的拉、翻、折等操作改变遮阳系统产品的状态。

阶段二：电动方式。

电动方式加入了电机的元素，使得操作更为简单高效，特别是对于较大的装置来说，操作便捷性大大增加，并且电机的加入使得后续的智能化开发有了硬件基础支撑。

阶段三：智能控制。

智能化的系统可以根据周围自然条件的变化，通过系统线路，自动调整帘片角度、开合间距或作整体升降，完成对遮阳装置的智能控制功能（图 1.30）。

图 1.30 智能控制示意（图片来源：奇脉电子）

智能遮阳系统通常是由遮阳窗帘、智能电机及控制系统组成。其中，控制系统软件是重要的组成部分，与控制系统硬件配套使用，完成对遮阳装置的智能控制功能。实际上智能遮阳系统意味着运用信息技术和控制系统，并且能够根据环境情况做出合理的反应和预知，从而更好地为用户提供舒适便捷的生活服务。采用智能化窗帘系统的优点如下：

① 智能化控制降低了人工控制带来的不准确性。

② 使得遮阳效果更佳，可以更好地做到光线环境控制，便于节能减排。

在智能家居系统中，从电机电源的供电方式上来看，有交流电机和直流电机两种。

交流电机一般功率比较大、耗电量高、噪声较大，不节能，一般用于直轨轨道中配套工程项目使用，不适宜居家使用。

直流电机一般体积较小、震动小、噪声也小，更适宜居家和酒店智控使用。

从电机具体功能上一般可分为推窗电机、开合帘电机、管状电机等。

（九）协议转换设备

PLC 协议转换设备包括以下几种：

① PLC 转空调网关：在空调协议网关中内嵌 PLC 单元，实现对各品牌多联机空调的接入，实现对空调的控制功能与监测功能。

② PLC 转 RS485 模块：接入场景内的 RS485 设备，如空气开关、智能表计等。

③ PLC 转 DMX512 模块：可将 DMX512 设备如舞台、剧场、演播室等场所的数字调光灯具接入 PLC 系统。

④ PLC 转 KNX 模块：可将 KNX 系统设备如照明、遮光、百叶窗、安保系统、能源管理、供暖、通风、空调系统、信号和监控系统、服务界面及楼宇控制系统、远程控制、计量、视频、音频控制、大型家电等接入 PLC 系统。

⑤ PLC 转 0 ~ 10 V：输出 0 ~ 10 V 模拟量信号，用于灯具调光等应用（图 1.31）。

图 1.31 协议转换装置（图片来源：奇脉电子）

三、PLC 系统的团体标准发展

随着全屋智能家居概念的普及，物联网技术和应用的快速发展，人们对生活环境的舒适性和便捷性有了更高的追求，海量智能设备连接，万物互联的场景，已经是智能化构建的明确需求。全屋智能家居不是一个简单的单品组合，而是需要兼备家居智控系统、安全防护系统、环境感知系统、能耗监控系统、照明智控系统的集成性系统体系。

目前国内产业链仍处于发展的初期阶段，厂家众多且厂家各自为营，采用的通信协议不同或不完整，而且各品牌系统各自补充所需的私有指令，形成技术壁垒，技术运用成熟度也参差不齐，不同品牌无法融合打通，实现互联互通，难以实现拓展。设备间的通信方式，主要分为有线通信技术和无线通信技术。传统的有线方案大多采用总线方式，专门部署通信信号线，其抗干扰能力强，单节点故障不影响网络传输，信号衰减率低，稳定性好。但受线路特性影响较大，线路需要在装修前做好规划且后期改装拓展较为困难，在灵活性方面有所欠缺。无线方案则受环境因素影响较多，易受干扰，稳定性相对较差，信号穿墙能力弱，系统规模较小，但在人力、财力等方面投入成本会比传统的有线方案低，且方便用户后期在系统上做改动，适用于旧房的改造升级。关于有线和无线方案的选择，各有其适用的应用场景。

近年来，PLC-IoT 技术在物联场景的创新实践，有效地解决了电力线路信号干扰、衰减问题。同时 PLC 技术“网随电通”的突出特点，对于那些有电力线供电的设备，无须额外配置通信线路即可接入网络，满足了大量物联网设备的通信需求，更加适合复杂多变的应用场景，成为物联网“最后一千米”关键通信技术之一，其首要目标就是将万物互联，保障最后一千米的通信可靠、安全、高效，备受各行业重点关注。

2020 年 12 月 18 日由浦东新区科学技术协会支持、上海浦东智能照明联合会主办的“2020 第五届物联网照明大会”发布了PLC团体标准《电力线载波通信（PLC）全屋互联规范》。

2021 年 8 月 26 日上海浦东智能照明联合会举办第四届智慧城市照明发展论坛，并发布了工业照明团体标准《电力线载波通信（PLC）工业照明互联规范》（图 1.32）。

图 1.32 《电力线载波通信（PLC）工业照明互联规范》发布仪式（图片来源：上海浦东智能照明联合会）

此次规范的制定是在 PLC-IoT 连接技术的基础之上，将智慧照明的系统架构、子系统规格、网关实现，尤其是针对 PLC 终端的应用层互联互通进行了标准化，并定义了场景面板、窗帘、灯光驱动控制器等多种标准设备模型。上海浦东智能照明联合会组织海思以及智慧照明产业界主要的头部厂商参与了此次规范的制定，因此该规范也代表着产业界的集体智慧和实现互联互通的共同愿望。

同期，上海浦东智能照明联合会 PLC 工作组（以下简称 SILA-PLC 工作组）正式成立。

2022 年 7 月 6 日，SILA-PLC 互联规范升级发布暨 PLC 产业大会在广东省中山市古镇镇华艺广场举行，本次互联标准规范升级，主要完善了 SIID 及 CIID 团标标准定义字段和新增缩略词，以及新增了芯片层互联规范的相关内容。SILA-PLC 工作组始终以互联互通为目标，进一步规范互联互通的机制及内容，本次升级达到了互联互通新的里程碑（图 1.33）。

图 1.33 SILA-PLC 互联规范升级发布暨 PLC 产业大会（图片来源：上海浦东智能照明联合会）

SILA-PLC 工作组的主要宗旨是推广 PLC 团体标准和生态链的发展，从标准、认证、芯片、模组、系统集成、平台方案、智能照明设计到安装调试等环节，为行业内的设备厂家、经销商、设计师提供基础的 PLC 知识培训，产业最新咨询以及相互交流学习的机会。各成员自愿遵守《电力线载波通信（PLC）全屋互联规范》T/SILA 001—2020 和《电力线载波通信（PLC）工业照明互联规范》T/SILA 002—2021，实现产业内互联互通，促进整个产业快速良性发展（图 1.34）。

图 1.34 SILA-PLC 产业图谱

PLC 技术在国内各大科技厂商的运用，以及 PLC 在国家电网等领域近 3 亿颗规模的应用，证明了 PLC-IoT 技术的稳定性和可靠性，得到越来越多的认可。SILA-PLC 工作组依照当前的技术发展趋势，基于互联互通的首要目标，为了达到不同品牌厂商的产品能够从芯片底层到链路层再到应用层都可以进行互联互通的成效，积极对团体标准《电力线载波通信（PLC）全屋互联规范》SILA001—2020 进行升级编制和补充拓展标准内容（图 1.35）。

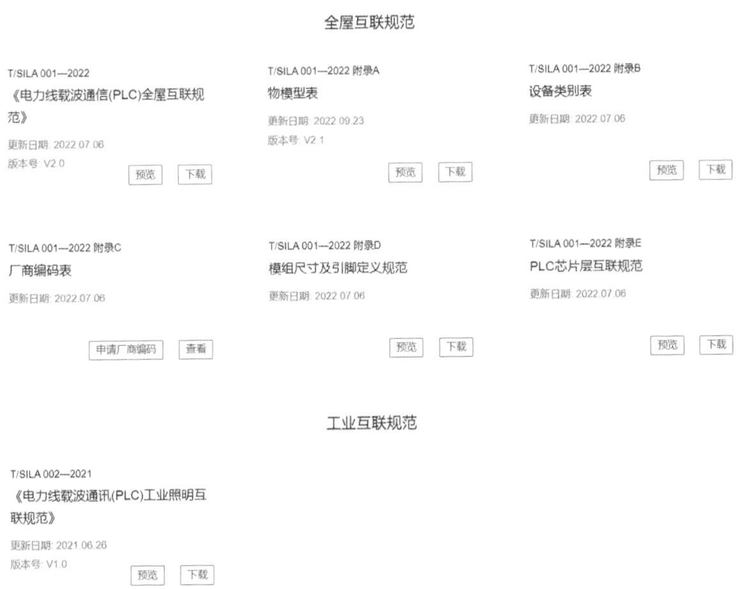

图 1.35 PLC 互联规范标准文件（图片来源：SILA-PLC 互联规范官网）

（一）SILA-PLC 标准委员会

SILA-PLC 标准委员会是在 SILA-PLC 工作组中负责团体标准的制定及汇编工作的专家小组，主要职责是制定芯片物理层、数据链路层的对接机制，制定及审查应用层协议及物模型更新提案，目标是将 SILA-PLC 团体标准打造成为行业内互联互通的标准。其成员主要由工作组成员企业中芯片、系统、检测等企业的技术专家组成（图 1.36）。

委员名单

标委会职务	所属单位	所属单位职务	专家组	事务组	内部小组
主任委员	上海浦东智能照明联合会PLC工作组	发起人	[illegible]	代[illegible]	
秘书处	广州和光同行信息科技产业有限公司	技术总监	林小科	林小科	汇编小组
	威尔通信专家工作室	博士、通信专家	叶[illegible]	刘永[illegible]	汇编小组
	华为终端有限公司	IOT技术专家	黄[illegible]	罗正[illegible]	应用层小组
	小米科技（武汉）有限公司	研发主管	[illegible]	[illegible]	应用层小组
	杭州涂鸦信息技术有限公司	照明产品技术负责人	王[illegible]	[illegible]	应用层小组
	苏州市[illegible]信息科技有限公司	研发总监	[illegible]	[illegible]	应用层小组
	永林电子（上海）有限公司	研发总监	刘[illegible]	[illegible]	应用层小组
	惠州市[illegible]工业发展有限公司	PLC研发总监	刘[illegible]	[illegible]	应用层小组
	广东三雄极光照明股份有限公司	产品总监	[illegible]	[illegible]	应用层小组
	[illegible]科技股份有限公司	产品与市场总监	马小平	马小平	应用层小组
委员	惠州雷士光电科技有限公司	技术专家、智能照明总监	[illegible]	[illegible]	应用层小组
	[illegible]科技（深圳）有限公司	系统技术专家	[illegible]	刘[illegible]	应用层小组
	上海海思技术有限公司	PLC产品高级系统工程师	李[illegible]	[illegible]	芯片层小组
	深圳市力合微电子公司	技术总监	朱永	朱永	芯片层小组
	杭州[illegible]半导体有限公司	软件研发总监	[illegible]	[illegible]	芯片层小组
	青岛东软载波科技股份有限公司	部门经理	王[illegible]	王[illegible]	芯片层小组
	江苏芯云电子科技有限公司	博士、算法专家	[illegible]	刘[illegible]	芯片层小组
	重庆物奇科技有限公司	PLC产品线技术总监	刘[illegible]	[illegible]	芯片层小组
	杭州芯象半导体科技有限公司	副总经理	[illegible]	[illegible]	芯片层小组
	厦门市[illegible]技术有限公司	系统技术专家	洪[illegible]	洪[illegible]	PLC[illegible]
	深圳[illegible]科技有限公司	系统技术专家	谢[illegible]	谢[illegible]	PLC[illegible]

图 1.36 SILA-PLC 标准委员会成员（图片来源：SILA-PLC 互联规范官网）

（二）SILA-PLC 培训中心

SILA-PLC 培训中心主要通过培训的方式，帮助产业链各环节企业人员快速掌握 PLC-IoT 技术，提供产业链最新资讯，同时提供给学员一个互相交流学习的平台。随着 PLC 产业的逐步发展壮大，SILA-PLC 培训中心计划将重心放到为 PLC 智能照明系统集成落地培养专业的 PLC 智能照明设计师（图 1.37）。

图 1.37 SILA-PLC 培训中心（图片来源：SILA-PLC 互联规范官网）

（三）SILA-PLC 互联规范认证中心

SILA-PLC 互联规范认证中心主要针对各类模组或设备应用层协议进行兼容性检测认证。各模组或设备厂商可以选择自购兼容性测试仪进行自测认证，也可选择通过第三方机构进行兼容性测试。兼容性测试结果会自动上传认证平台，通过测试的设备，会公布在 SILA-PLC 互联规范官网上认证中心一栏的认证产品清单中（图 1.38）。

图 1.38 SILA-PLC 互联规范认证中心（图片来源：SILA-PLC 互联规范官网）

此前，各个厂商各自形成体系或采用国外楼宇运用的标准体系，未形成真正为家庭全屋服务的统一的、完整的标准规范。SILA-PLC 工作组与华为、海思及 40 多家照明电工家居行业伙伴共同努力，一起做成了开放式的团体标准，填补了全屋智能标准的空白。全屋智能产业链共同参与 SILA-PLC 团体标准，建立起国内自主可控的照明领域标准和生态。规划设想也将由团标推广到行标、国标，乃至建设以中国为中心的 PLC 国际标准（图 1.39）。

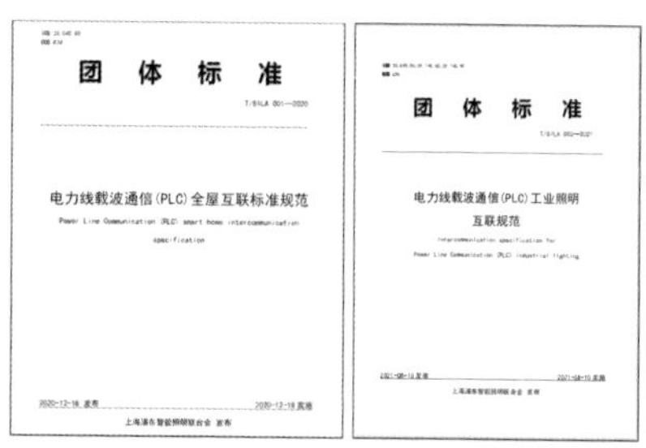

图 1.39 PLC 互联规范标准（图片来源：SILA-PLC 互联规范官网）

四、PLC 设备的检测与认证

（一）PLC产品检测流程

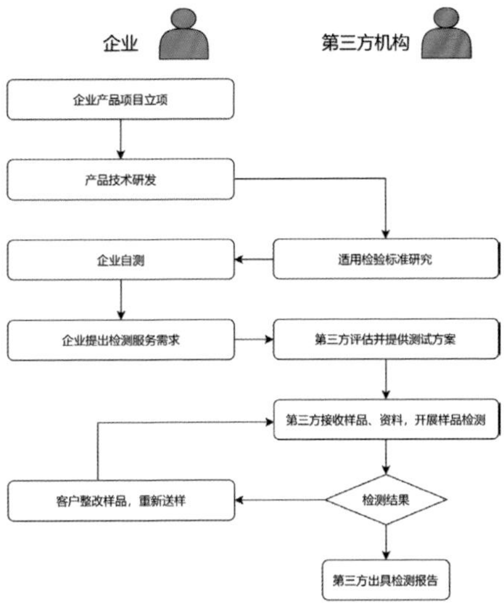

图 1.40　PLC 互联规范标准（图片来源：威凯检测）

（二）PLC 芯片互联互通检测

本小节针对以 OFDM、双二元 Turbo 编码、时频分集拷贝为核心的物理层通信技术规范，以及以信道接入时序优化、树形组网、多台区网络协调为代表的数据链路层技术规范，参考《适用于智能电网应用的中频（低于 12 MHz）电力线载波通信技术标准》IEEE 1901.1 以及国家电网公司《低压电力线宽带载波通信互联互通技术规范》Q/GDW 11612，从性能测试、协议一致性测试、互操作性测试三个部分提出电力线载波通信互联互通检验检测建议（表 1.1）。

表1.1　电力线载波通信互联互通检验检测项目

序号	测试项目	
1	性能测试	工作频段及功率谱密度
2		抗白噪声性能
3		抗衰减性能
4		抗频偏性能
5		抗窄带噪声性能
6		抗脉冲噪声性能
7		通信速率
8	协议一致性测试	数据链路层信标机制
9		数据链路层信道访问
10		数据链路层数据处理
11		数据链路层选择确认重传
12		数据链路层单播/广播
13		数据链路层多网共存及协调
14		数据链路层单网络组网
15		数据链路层网络维护
16	互操作性测试	自动组网测试
17		新增站点入网
18		站点离线

（三）PLC 模组兼容性检测

随着用户对来自各种电器设备之间共享数据能力的要求，不同 PLC 模组之间能否协作检验成为不可或缺的条件。为确保 PLC 模组之间能够正确地按照用户期望的方式进行交互和共享信息，本小节结合 SILA-PLC 工作组推出的《电力线载波通信（PLC）全屋互联规范》内容，提出表 1.2。

表1.2 PLC模组兼容性检测指标

序号	测试项目		
1	PLC模组串口接口	应用帧结构检验	
2		PLC应用报文检验	
3	系统控制协议	数据交互流程调用检验	
4		发送数据功能检验	
5		接收数据功能检验	
6		其他功能命令检验	设备信息查询
7			设备应用地址写入、读取、删除
8			设备状态读取
9			事件上报
10			场景设置、响应、删除
11			设备重启

（四）PLC 设备检测

1. PLC设备检测依据

PLC 设备检测依据见表 1.3。

表1.3 PLC设备检测依据

项目	技术名称	推进组织	最大带宽	通信频带	标准背景和核心参与者	应用领域
窄带	G3-PLC	G3联盟	33.4 kb/s、240 kb/s	35.9 kHz～90.6 kHz	由法国配电公司ERDF发起，Maxim和SagemCom公司开发的方案	自动抄表 智能电网
	Prime	Prime联盟	21 kb/s、42 kb/s、64 kb/s、84 kb/s、128 kb/s	42 kHz～89 kHz	由西班牙电力公司Iberdrola组织成立并推出	自动抄表 智能电网
	G.hnem	ITU	1 Mb/s	＜500 kHz	G.9955/G.9956，G3与Prime无法互通，ITU-T启动项目旨在建立全球范围内统一的窄带PLC标准，2011年获批	自动抄表 智能电网
	IEEE 1901.2	IEEE	250 kb/s	＜500 kHz	IEEE 1901.2由IEEE-SA启动，旨在实现PRIME和G3的融合和互通，2013年获批	自动抄表 智能电网
中频带	IEEE 1901.1	IEEE	2 Mb/s	＜12 MHz	IEEE 1901.1，IEEE PLC-IoT IC工作组、华为、中国国家电网等共同推动，其中华为作出重要贡献，包括Draft standard的关键部分	全屋智能、自动抄表 智能电网、光伏系统 行业照明
	HPLC	团标	2 Mb/s	＜12 MHz	Q/GDW 11612—2016；T/CEC 337.1—2020 中国电力科学研究院有限公司牵头，国家电网有限公司各地区分公司参与，邀请海思、东软等社会企业参与	自动抄表 智能电网
宽带	G.hn	ITU	1.5 Gb/s	2 MHz～100 MHz	G.9960/G.9961，由HomeGrid Forum负责标准制定，实际核心标准贡献者为Maxlinear	家庭宽带
	HomePlug	HomePlug联盟	14 Mb/s、85 Mb/s、200 Mb/s、1.5 Gb/s	2 MHz～85 MHz	HomePlug 1.0/HomePlug AV/HomePlug AV2，由Cisco、Intel、HP、Sharp等13家成立，核心芯片供应商为高通、博通	家庭宽带
	IEEE 1901	IEEE	Up to 1.5 Gb/s	2 MHz～85 MHz	IEEE 1901实际以HomePlug AV为基线，兼容所有HomePlug规范	家庭宽带

2. 多功能产品检测标准

应用 PLC 技术实现数据传输的产品，特别是带有 PLC 功能的家用电器适用什么标准进行检测，应根据产品实际功能运行情况进行判断。国家标准《家用电器、电动工具和类似器具的电磁兼容要求》（GB 4343.1—2018）中关于多功能设备的具体要求为：同时适用本部分不同条款或其他标准的多功能设备，如果无须改动设备内部状况就能实现多功能的话，则应分别按每一功能进行单独试验。如果每一功能都满足有关条款、标准的要求，则认为试验设备是符合所有条款、标准的要求。如果设备无法在每一种功能单独运行条件下测试，或某一功能的单独运行会导致设备不能满足其主要功能的要求，只要在必要功能运行条件下满足每条款或标准的要求，就认为设备是符合要求的。

表 1.4 是 PLC 功能的多功能产品建议测量指标。

表1.4 PLC功能的多功能产品建议测量指标

序号	测试项目	
1	家用电器PLC功能通信端口的非对称共模传导发射测试	0.15 MHz～1.6065 MHz频段的非对称共模传导发射测量
2		1.6065 MHz～30 MHz频段的非对称共模传导发射测量
3	动态功率控制测试	
4	辐射骚扰测试	

3. 照明产品检测标准

国内的照明产品企业因为不了解目标市场的准入要求与技术法规，所以在国际贸易过程中屡屡遇到阻碍，蒙受了巨大的经济损失。不仅如此，智能家居等新型技术的开发与应用，同样面临着满足目标市场准入与技术法规的要求。由于近年来节能环保诉求的提高，促使进口国家的政府机构相继出台相关的能效技术法规，因此照明产品制造企业应充分重视并关注目标市场准入与技术法规的要求与变化。在产品开发设计以及生产制造过程中，严格执行相关标准要求，尽可能在出口前获得目标市场授权的有资质的认证和检验检测机构出具的认证证书、检测报告，并持续保持其合规有效性，从而避免在贸易过程中因为不符合相关技术法规要求或未能提供有效证明文件而遭受经济损失。

本小节所述认证要求仅涉及固定式通用灯具、可移动式通用灯具、嵌入式灯具、水族箱灯具、电源插座安装的夜灯、地面嵌入式灯具、儿童用可移式灯具、荧光灯用镇流器、放电灯（荧光灯除外）用镇流器、荧光灯用交流电子镇流器、放电灯（荧光灯除外）用直流或交流电子镇流器以及 LED 模块用直流或交流电子控制装置、202 家用及类似用途固定式电器装置的开关、场景面板（有固定电气装置的开关）、智能网关（多功能网关）、智能中控面板（包括手势开关、液晶面板等）、窗帘开关、空气检测器（包括 $PM_{2.5}$ 传感器等）、温湿度传感器、人体存在传感器（属于防爆传感器）、烟雾传感器（烟雾报警器）、燃气传感器、水浸传感器、风光雨感应器（包括风力传感器、光照传感器、雨量传感器等）、门窗传感器 （门磁、窗磁等）、二氧化碳传感器、甲醛传感器、紧急按钮、红外探测器、跌倒感应器、声光报警器、玻璃震动报警器、微波传感器、防丢器、通用定位器、植物监测仪、VOC 检测器、液位传感器、压力传感器、多功能传感器、甲烷报警器、一氧化碳报警器、热感报警器、电流探测器、电压探测器、测温仪、水质检测仪、光照质量检测仪、智能窗帘（包括推窗器、百叶窗、卷帘、开合帘等）。列举的产品范围的选取原则是有强制认证和准入要求的产品，概述市场准入要求、强制认证或准入的产品范围、认证要求与标志，并分列了国家强制性标准包括电气安全、电磁兼容（EMC）、能效等方面的要求。制造企业可根据查询了解相关照明产品的强制性认证要求与标准，有针对性地制定检测认证方案（表 1.5）。

由于各地区与国家的强制性认证要求、产品范围与标准都在不断变化与升级，为保证产品开发能满足最新要求，各标准的最新版本适用于本小节，应注意其他技术法规与认证规范的更新（表 1.6、表 1.7）。

表1.5　PLC设备（照明）市场准入要求

类别	电气安全	电磁兼容（EMC）	能效标识
准入与法规要求	根据《强制性产品认证管理规定》，中国强制性产品认证（China Compulsory Certification，CCC）目录所涵盖的产品须申请强制性认证并加贴CCC标志方可进入市场销售	根据《强制性产品认证管理规定》，中国强制性产品认证目录涵盖的产品须满足电磁兼容（Electromagnetic Compatibility,EMC）要求通过强制性认证加贴CCC标志方可进入市场销售	能效标识又称能源效率标识，是附在耗能产品或其最小包装物上，表示产品能源效率等级等性能指标的一种信息标签，目的是为用户和消费者的购买决策提供必要的信息，以引导和帮助消费者选择高能效节能产品

表1.6　PLC设备（照明）认证要求与标志

类别	认证要求	认证标志
电气安全	申请人向中国国家认证认可监督管理委员会（CNCA）指定的认证机构申请中国强制性产品认证，在指定的检测机构通过测试；基本认证模式为型式试验和获证后监督，认证采用中华人民共和国国家标准（GB）	CCC
电磁兼容（EMC）		
能效标识	申请人向中国能效官网指定的实验机构通过测试后，在中国能效网上自主进行能效备案，并获得能效等级标签。认证采用中华人民共和国国家标准（GB）	

表1.7　PLC设备（照明）法规认证基线参考

产品类别	执行标准		
	安全	EMC	能效
固定式通用灯具	√	√	—
可移式通用灯具	√	√	—
嵌入式灯具	√	√	—
水族箱灯具	√	√	—
电源插座安装的夜灯	√	√	—
地面嵌入式灯具	√	√	—
儿童用可移式灯具	√	√	—
荧光灯用镇流器	√	√	—
放电灯（荧光灯除外）用镇流器	√	√	—
荧光灯用交流电子镇流器	√	√	—
放电灯（荧光灯除外）用直流或交流电子镇流器	√	√	—
LED模块用直流或交流电子控制装置	√	√	—
开关（不含电子开关）	√	√	—
场景面板（有固定电气装置的开关）	√	√	—
智能网关（多功能网关）	√	√	—

续表1.7

产品类别	执行标准		
	安全	EMC	能效
智能中控面板（包括手势开关、液晶面板等）	按产品实际功能	按产品实际功能	—
窗帘开关	—	—	—
空气检测器（包括$PM_{2.5}$多功能传感器等）	√	√	—
温湿度传感器	√	√	—
人体存在传感器	√	√	—
人体存在传感器	—	—	—
烟感报警器（烟雾报警器）	√	√	—
燃气传感器	√	√	—
水浸传感器	√	√	—
风光雨感应器（包括风力传感器、光照传感器、雨量传感器等）	√	√	—
门窗传感器 （门磁、窗磁等）	√	√	—
二氧化碳传感器	√	√	—
甲醛传感器	√	√	—
紧急按钮	√	√	—
红外探测器	√	√	—
跌倒感应器	√	√	—
声光报警器	√	√	—
玻璃震动报警器	—	—	—
微波传感器	—	—	—
防丢器	—	—	—
通用定位器	—	—	—
$PM_{2.5}$传感器（单一功能）	—	—	—
植物监测仪	—	—	—
VOC检测器	—	—	—
液位传感器	—	—	—
压力传感器	—	—	—
多功能传感器	—	—	—
甲烷报警器	—	—	—
一氧化碳报警器	√	√	—
热感报警器	√	√	—
电流探测器	—	—	—
电压探测器	—	—	—
测温仪	—	—	—
水质检测仪	—	—	—
光照质量检测仪	—	—	—
智能窗帘（包括推窗器、百叶窗、卷帘、开合帘等）	电动机部件需CCC产品认证	—	—

注：本认证要求作为各品类产品法规认证要求的基线参考，不作为唯一确定要求，如果产品在功能或者硬件上有特殊的新增，则需根据产品具体规格审视新增或减少相关认证要求。

五、PLC 系统与其他系统的对比

智能家居系统从布线要求角度来看，一般可以分为有线智能家居系统和无线智能家居系统两大类，表 1.8 就有线系统和无线系统的各自特点做了比较分析，剖析了三种系统的区别之处。

表1.8　传统有线系统与无线系统以及电力线载波通信（PLC）系统比较分析

项目	传统有线系统	无线系统	电力线载波通信（PLC）系统
客户层级	专业级	消费级	专业级
适宜人群	大平层及别墅、舒适性要求高	小户型、旧房改造、品质要求不高	各种户型、追求品质生活、感受未来科技
用户体验	场景体验较好	场景体验一般	沉浸式全场景体验
传输距离	传输覆盖范围广	传输覆盖距离受限	传输覆盖范围广
布线要求	要求前装布线	市电基本要求	市电基本要求
施工成本	高	低	低
可扩展性	差	高	高
易设置性	专业设计，不易设置	DIY、易设置	专业设计、易设置
使用寿命	使用周期长	使用周期短	使用周期长
稳定性	高，不易受干扰	低，易受干扰	高，芯片级AI抗噪
故障率	低	高	低

（一）传统有线系统

传统有线系统一般除了供电线路系统使用物理介质以外，智能设备的控制信号传输也采用物理线路，其中常见的有线通信系统有 KNX、RS485、Modbus、CAN 总线等。KNX 在欧洲很流行，而 RS485、Modbus、CAN 总线等系统在工业控制领域已经应用多年，一定程度上，我们可以认为传统有线智能系统是在传统工业控制系统的基础上平滑移植到智能家用系统上的，只是工业控制系统与家庭智能化系统倾向性不同、可靠性也不同，但是控制系统的原理是类同的。

传统有线系统历久弥新，应用范围广泛，主要特点如下：

1. 可靠性和稳定性较高

传统有线系统控制信号一般选用双绞线等物理介质传输，像 CAN 总线就是用一条双绞线传输差分信号，而 KNX 则是利用两条双绞线（共四条线）、两条电源线和两条控制信号线。此种数据传输方式相对稳定可靠，控制信号被锁定到传输线缆中，不易受到外部干扰，可靠性高。纵使应用到中大型建筑，数据依然能够稳定传输。

2. 前期布线成本较高

传统有线系统需要一条控制总线，而这条总线一般是在建设阶段即完成设置，后面再将各个设备接入此总线，对于家庭装修来讲，就是在装修阶段必须做好提前规划，留好相应的设备安装点位，布设好线缆管道或线缆支架等。这部分成本相对于普通装修来说，无异于是大改线路，相应的成本也较高。

3. 必须前装，后期扩展难

若装修完成后再安装有线系统，必须穿墙破洞、引管穿线，那施工难度几乎等于重新装修，后期增加智能点位也不太可能，故有线系统必须装前布设线路。

（二）无线系统

无线系统顾名思义就是依靠无线电磁波而不依靠物理线缆传输控制信号，常见的无线传输协议有 Zigbee、Wi-Fi、蓝牙、433、Z-Wave 等，无线系统从开始发展到现在不过一二十年的时间，比有线系统更为年轻，以轻量化系统应用为主，产品和系统成熟还需时日。无线系统的主要特点如下：

1. 成本低

无线系统省去了前期的布线成本，也省去了大量的设计成本，价格上具有相对优势，让智能家居的普及进一步加速，使遥不可及的智能家居系统步入寻常百姓家庭。虽然可靠性方面仍然存在一些劣势，但是价格优势明显，适合一些轻量化需求客户和 DIY 客户。

2. 灵活性较高，方便扩展

无线系统少了线路因素的限制，基本上实现了即时连接使用，配置也简洁方便，大部分用户可以自行完成。同时无线系统扩展起来较为容易，用户可以根据自己的实际需求逐步滚动增加设备，升级家庭智能化系统或调整自己的智能化系统。

3. 可后装，但稳定性低于有线系统

没有了前期线路条件的限制，无线系统基本上可以很方便地应用于后装市场，但可靠性是无线系统的最大弱点，因为无线系统依靠电磁波传输信号，而室内的承重墙、地面、金属防盗门窗等对信号有较强的衰减作用。此外，其他的同频电磁波也会对信号的传输产生干扰，这使得网关信号的有效覆盖范围受限。

（三）电力线载波通信（PLC）系统

电力线载波通信技术，简单来说就是把电力线缆作为数据信号传输的载体，在交流或直流线路上加载载波信号传输数据，如 AC10 kV、AC220 V、AC380 V，DC12 V、DC24 V 等线路。PLC 系统的主要特点如下：

1. 技术成熟，成本较传统有线系统低

PLC 技术成熟、稳定可靠，在国家电网、智慧路灯、光伏发电、工业控制、智能家居等领域均有应用。相较于传统有线系统，无须额外提前布设双绞线控制线路，复用原有电力线路通信即可，免布设专用通信线缆，免穿墙破洞，极大地提高部署效率和降低部署成本。

2. 安装方便、易布设，较无线系统覆盖更远距离

如上所述，PLC 系统无须额外布设通信线路，系统组网复杂度低，不需要复杂的网关选址及覆盖仿真设计，网络结构采用主从式结构，且支持 15 级动态路由中继，快速实现通信区域内无感知自组网，覆盖范围更广，传输距离更远，无须关心建筑物遮挡造成的信号衰减等问题。

3. 通信稳定，控制成功率高达 99.99%

PLC 系统在芯片层采用了针对性的 AI 人工智能噪声抑制算法，寻找功耗、抗衰减与通信速率的折中方案，并充分考虑了电网信道特点，有效解决了电力线路通信的噪声干扰问题；有效保证了通信网络信噪比（SNR），使得通信时延更低，通信实时性更高；有效降低数据传输的丢包率，除了实时在线监测灵敏度高，实时性场景体验也更好。

4. 简单易操作，且无惧主端设备损坏

智能家居的生存价值，就是当下尖端科技融入现实生活，从而更加智能化的服务于我们的生活。但最了解我们日常生活习惯的永远是我们自己，所以说一套高端智能的家居系统，必定需要我们在生活中不断进行拓展改进、持续打磨，才可以成为一套真正服务于我们生活的智能家居系统，这一切都依赖于系统的易操作性和鲁棒性，无头（主）模式和移动端设备。

第二章
PLC 智能家居类场景应用

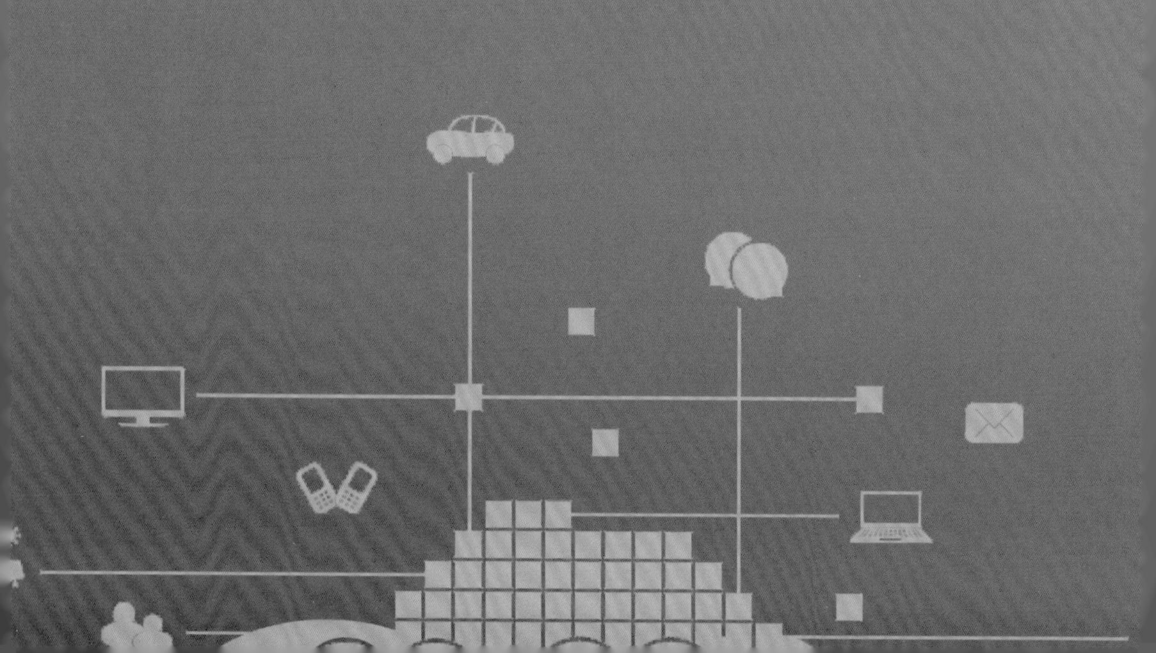

一、PLC 在智能家居中的应用优势

（一）PLC 的技术优势

① 网随电通，布线简单，仅需零线和火线就能安装布线，省出许多布线通道，使控制系统设计及建造的周期大为缩短，同时维护也变得容易起来。

② 抗干扰能力强，PLC 由于采用现代大规模集成电路技术，采用严格的生产工艺制造，内部电路采取了先进的抗干扰技术，具有很强的抗干扰能力。

③ 可靠性强，通信成功率高达 99.8%，维修简单，设备老化或损坏时可即换即用，系统能自动搜寻新灯具，不需重新设定。

④ 无级调光，37 500 段 PWM 调光精度，视觉感知的 0.1% ~ 100% 无级调光。

⑤ 定制场景，自由设定各种设备的组合场景。

（二）智能家居 PLC 控制系统的优势

① 系统构成相对灵活，容易扩展。

② 调试简单，可在线配置。当控制方案发生改变时，可以不拆动硬件。

③ 抗干扰能力强，能适应各种恶劣的运行环境，可靠性强。

④ 能够自动检测故障和显示报警，大大提高其运行的安全性，有利于检修。

综上所述，PLC 已成为智能家居主控器的首选，通过 PLC 和多种传感器及软件的结合，可以实现家居系统的智能运行，安全可靠性方面能够得到大幅度提升。

（三）智能家居 PLC 控制系统的结构及其功能

1. 智能家居 PLC控制系统的结构

基于用户的实际需求，智能家居 PLC 控制系统主要组成部分为光、水、空气、体感、安全等传感器。

2. 智能家居 PLC控制系统的功能

通过光电传感器和存在型传感器不断检测周围环境的照度水平，可以探测到某个区域是否有人移动以及光照的相关强度，并把相应的信号传送给系统，同时执行预先设置好的场景。当房间内长时间无人移动时，人体红外探测器会延时动作切断电源，关闭灯光，以实现智能照明。智能灯光的实现是通过面板手动控制或遥控器控制，对家庭中的所有灯进行控制，达到一键开关的效果。

总而言之，PLC 控制系统在智能家居领域的应用是未来家居系统发展的主流方向。

二、智能家居 PLC 控制系统的设计与调试

智能家居 PLC 控制系统的设计与调试流程如图 2.1 所示。

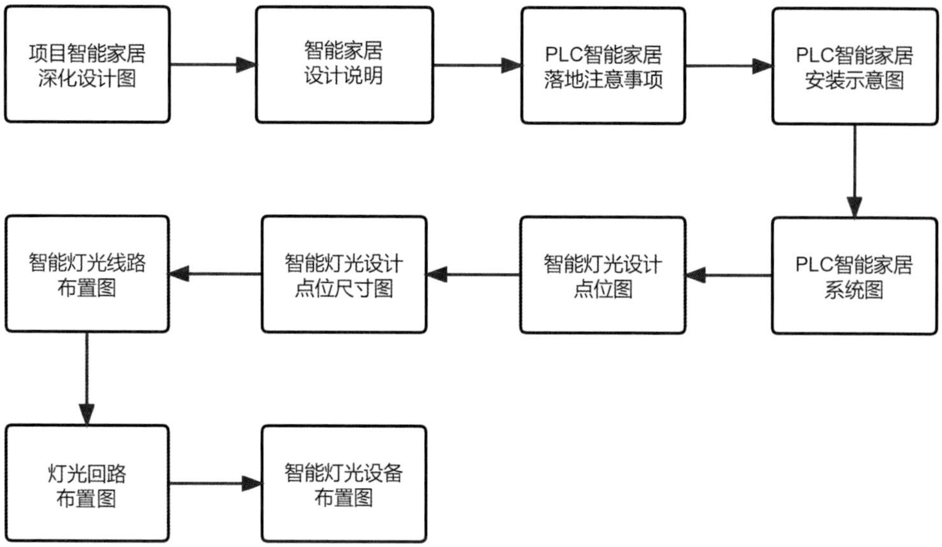

图 2.1　设计与调试流程（图片来源：巨业照明）

（一）PLC 智能家居设计流程

① 项目智能家居深化设计图。
② 智能家居设计说明。
③ 设计依据。
④ 智能家居预留预埋说明。

（二）PLC 智能家居落地注意事项

① 设备与驱动不可热插拔。
② 智能照明回路不允许共用零线。
③ 智能照明线路禁止一切家用电器插座同一路。
④ 布线避免分线产生虚接，采用接线端子确保 PLC 设备通信稳定。

（三）PLC 智能家居安装示意图

① 智能场景面板安装接线示意图。
② 智能调光驱动安装示意图。
③ 智能电动窗帘安装示意图。

（四）PLC 智能家居系统图

展示 PLC 系统智能家居接线示意图。

（五）智能灯光设计点位图

由专业智能照明设计师去和室内设计师与客户沟通，了解客户的基本需求，以及家庭成员、生活作息习惯、个人喜好、项目预算等情况，为客户打造全屋智能灯光方案。

（六）智能灯光设计点位尺寸图

标出准确灯光点位尺寸，当现场和图纸有出入时应及时沟通更改。

（七）智能灯光线路布置图

① 根据空间布局划分智能照明回路，如客厅、餐厅、主卧、次卧、厨房、卫生间等区域。

② 在智能设备功率满足以及网关设备数量满足的情况下可不用划分照明回路。

（八）灯光回路布置图

非智能区域开关面板线路图，如厨房、公共卫生间、户外区等。

（九）智能灯光设备布置图

① PLC 智能设备布置图，包括智能筒灯、智能射灯、灯带驱动、智能场景面板、继电模块、窗帘电机。

② 智能筒灯、智能射灯、灯带驱动的示意在灯光点位旁边，灯带驱动需连线到图纸灯带线上并拉一条箭头线用文字做好标记（如天花灯带、立面灯带、柜体灯带等）。

③ 智能场景面板，继电模块的内置开关和内置插座位置根据空间布局、人的动线、生活习惯等来确定。

④ 窗帘电机示意在窗帘槽的一边即可。

三、场景概述

（一）客厅

客厅是放松和交流的主要场所，也是接待客人的主要居室，要让人感到放松，而不是让人感到压力。灯光的强弱要适中，灯具的主题照明既不能太暗，也不能太刺眼，应选择可调光、调色的灯具并增加辅助光源，如壁灯、落地灯等（图 2.2）。

客厅模式一般有回家模式、离家模式、会客模式、明亮模式、观影模式、日常模式、休闲模式。

图 2.2　中山帝璟东方客厅效果图（图片来源：巨业照明）

（二）餐厅

餐厅的照明需要明亮，餐厅灯具的选择应以餐桌为中心确立一个主光源再搭配辅助性的光源，其造型、大小、颜色、材质应根据餐厅的大小与周围环境的风格作相应的搭配，吊灯、壁灯、射灯都可作为餐厅灯的选择，餐厅灯在满足基本照明的同时更注重营造一种进餐的情调，应尽量选择可以调节亮度的暖色调灯具（图 2.3）。

餐厅模式一般有就餐模式、宴会模式。

图 2.3　中山帝璟东方餐厅效果图（图片来源：巨业照明）

（三）卧室

卧室的主要功能是休息，卧室照明方式以间接或漫射照明为宜，灯具造型及色彩的选择要以营造恬静、温馨的气氛为主。卧室的灯不用太亮，灯光应该温和为主，应尽量选择暖色调、可以调节亮度的灯源，可增加辅助光源，如壁灯、落地灯等（图 2.4）。

卧室模式一般有温馨模式、阅读模式、休闲模式、日常模式、起夜模式、晨起模式、睡眠模式、浪漫模式。

图 2.4　中山帝璟东方卧室效果图（图片来源：巨业照明）

传统布线与 PLC 布线的实例对比见表 2.1。

表2.1　主卧布线对比表（以江西上饶亿升滨江主卧布线为例）

项目	传统布线	PLC布线
特点	回路必须事先配置好，且一旦配线完成，回路内的灯具既不能更改，单灯也不能换回路［图2.5（a）］	所有的灯具自由分布在电力线上，允许灯具安装完成后再配置回路。装修微调时，只要将新的灯具串联上这条负载线，即可并入系统控制。过去风机及窗帘需独立拉设线路，现在PLC可将风机与窗帘整合进同一条负载线［图2.5（b）］
线材总长度	265 m	108 m
配管总长度	88 m	36 m
预计完工时间	1.5天	0.5天

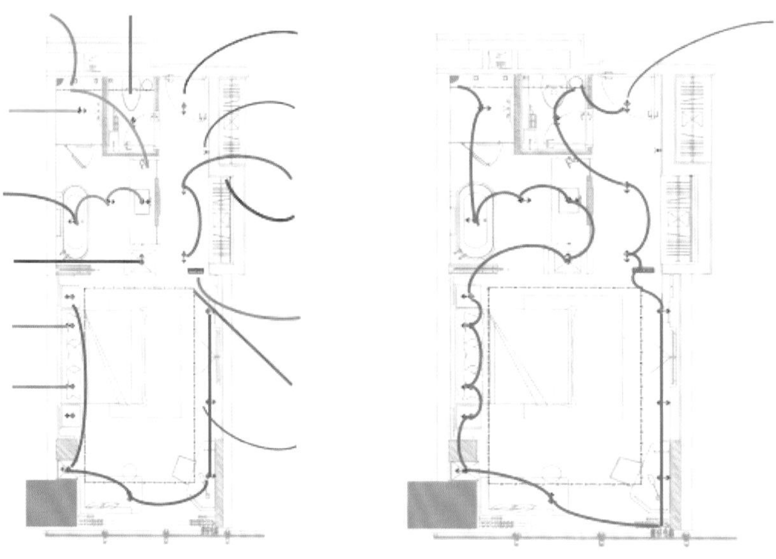

a. 传统布线　　　　b.PLC 布线

图 2.5　江西上饶亿升滨江主卧布线图（图片来源：巨业照明）

（四）卫生间

卫生间是洗漱沐浴的地方，空气比较潮湿，所以要选择防水性能比较好的灯具，切勿一个平板灯照全屋，这样很容易背光，可以用嵌入式可调光、调色的照明灯具以及低压灯带，还可以安装一些装饰性的灯具在里面，如壁灯，营造出温馨、舒适、和谐的氛围（图 2.6）。

卫生间模式一般有起夜模式、洗漱模式、沐浴模式、离开模式。

图 2.6 江西上饶亿升滨江卫生间效果图（图片来源：巨业照明）

四、案例解析

（一）别墅 PLC 照明设计

别墅各空间根据所需功能设置，灯光设计时要充分考虑到各空间的照明需求，让主人处于一个舒适的生活环境（图 2.7），如门厅应该亮一些、客厅灯光要显大气、卧室要减少炫光、庭院照明不宜过亮等。下面简单介绍一下不同别墅空间的灯光设计要求。

图 2.7 星湖湾客厅照明效果图（图片来源：西顿照明）

1. 空间设计

① 玄关：灯光应该足够明亮，且灯光设计应让门厅显得更具空间感。吸顶灯搭配壁灯或射灯，会让照明显得更加优雅和谐，另外再配备感应式的照明系统，更能提升照明体验。

② 走廊：灯具安装在房间出入口、壁橱处。这个空间也需要充足光线，建议使用可调光灯具，随时调整照度。可以在此装应急照明灯、安全指示灯、楼层显示等，应对遇到停电的情况。

③ 客厅：灯光设计应明亮干净，避免空间显得压抑。对于艺术品和有特色的家具，可以添加射灯，以凸显重点物品，丰富层次。

④ 卧室：休息的地方，应营造舒适温馨的睡眠氛围，减少眩光，色温以暖色为主，还可以配置台灯、地灯、壁灯等辅助照明和装饰灯具，也可以用隐藏式灯具代替主灯。

⑤ 书房：学习和工作的地方，光线要柔和明亮，尽量避免眩光和频闪。在进行灯光设计的过程中，应注意减少阅读区与其他区域的亮度对比，以免造成视觉疲劳和视力损伤。

⑥ 厨房：灯光应具有足够的亮度，且要注意避免操作区出现阴影。厨房油烟大，建议主灯选择容易清洁的灯具，也可以安装壁灯或在橱柜底部安装射灯，另外要注意灯具应尽量远离灶台进行安装。

⑦ 餐厅：灯光应以柔和的暖光为主，既能体现饭菜的状态，又能营造良好的就餐环境。主照明可用小吊灯。局部照明可用壁灯或射灯，也可以安装可升降的吊灯，周围可以装上一些壁灯或射灯来辅助照明，同时也有很好的装饰效果。

⑧ 卫生间：光线要明亮且柔和，顶灯不要全部装在浴缸上部，且应选择防水性好的灯具。洗手台镜子上方及周边可安装射灯或日光灯，方便梳洗和剃须。淋浴房或浴缸处可用天花板上的射灯，方便洗浴，也可用低处照射的光线营造温馨轻松的气氛。

⑨ 庭院：主人休闲散心的地方，温馨舒适的环境氛围更适宜，因此灯具的灯光不宜过亮，通常选择 3000 K 色温的暖白光。另外，庭院灯的选择应兼顾白天的装饰效果、晚上的照明效果以及夜景氛围效果。

2. 方案设计——系统图

设备清单：吸顶网关 × 5、场景面板 × 31、单色恒流电源 × 124、双色恒流电源 × 8、单色恒压电源 × 31、双色恒压电源 × 32、开关模块 × 6、隔离耦合器 × 10、智能窗帘电机 × 6（图 2.8）。

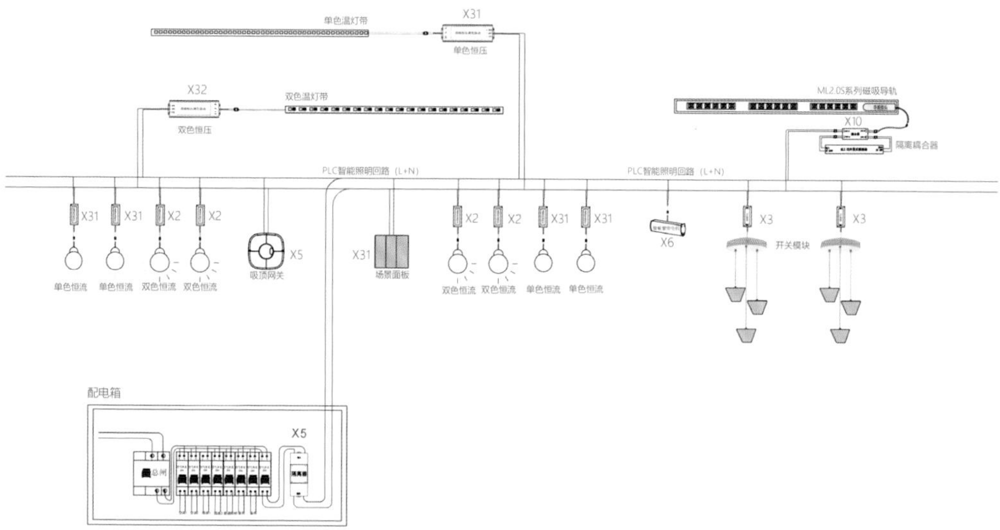

图 2.8 星湖湾照明设计系统图（图片来源：西顿照明）

3. 方案设计——布线注意事项

① PLC 网关开关、场景开关底盒预留标准为 86 底盒，底盒内预留 220 V 零线和火线。

② PLC 智控回路只能接入 PLC 设备，其他电器如插座、空调、窗帘电机、普通照明灯具等需单独划分回路布线，不得接入 PLC 回路。

③ 恒流调色驱动功率拨码可调，档位分为 9 W、12 W、15 W；恒流调光驱动挡位分 7 W、9 W、12 W、15 W、20 W。

④ 恒压调色模块、恒压调光模块最大带载功率为 100 W，实际使用不得超过额定功率的 80%。

⑤ PLC 灯具恒流驱动放置于灯具开孔处，PLC 恒压驱动隐藏于天花检修口等便于检修处。

⑥ 恒流调色驱动到灯具预留 4 芯线，恒流调光驱动到灯预留 2 芯线；恒压调色驱动到灯带（线条灯）预留 3 芯线，恒压调光驱动到灯带（线条灯）预留 2 芯线（图 2.9）。

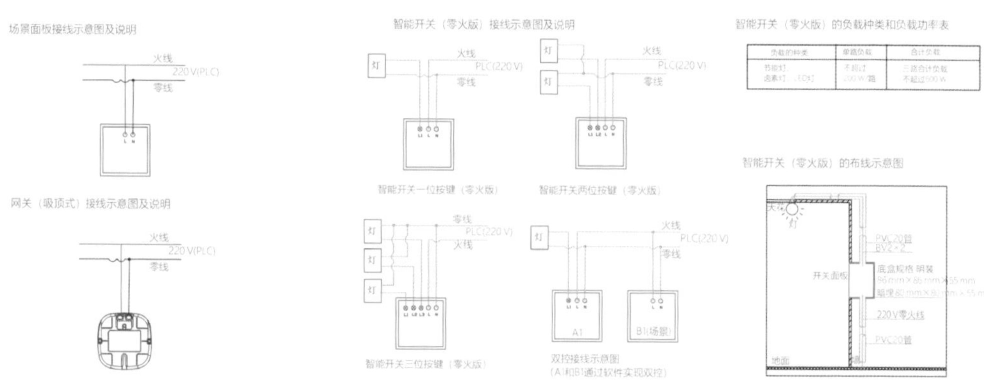

图 2.9 星湖湾设备接线示意图（图片来源：西顿照明）

4. 施工要求及安装调试

每个底盒只预留接线柱线，尽量不要在底盒内并线，预留充足的空间安装产品。室内照明配电箱需安装平正，箱内配线整齐，无铰接现象；导线连接紧密，不伤芯线，不断股，用电回路标识清楚；配电箱内接线基本整洁，导线颜色选择正确，回路编号齐全、正确，确保嵌入式设备的孔距开好、磁吸轨道安装好，尽量有网络，避免不具备交付安装条件（图 2.10）。

图 2.10　星湖湾施工现场 1（图片来源：西顿照明）

现场具备产品安装调试条件时，严格执行方案设计及房主要求，进行安装调试服务。首先在品牌方的手机应用程序上进行调试配置，并且将设置好的场景自动同步到控制平台应用程序，方便后续配置控制平台中的生态产品，进行联动控制（图 2.11）。

图 2.11　星湖湾施工现场 2（图片来源：西顿照明）

5. 空间实现

（1）玄关

玄关是进入房子的第一道风景，也是通往客厅的缓冲地带，可以通过照明设计保障玄关的功能性和美观性。其中鞋柜照明承载着辅助照明的作用，良好的照明设计可以让柜内摆放的物品更加赏心悦目，同时保证周围地面环境的基础亮度。玄关区域所使用的灯具类型有灯带、射灯、明装射灯、装饰灯。

玄关灯光照度标准见表 2.2。

表2.2　玄关灯光照度标准

位置	照度标准	参考平面
外部玄关	75 lx	地面上方0.75 m处的水平面
套内玄关	75 lx	地面
玄关展示区	75 lx	地面上方0.75 m处的水平面

玄关场景控制模式如下：

① 玄关全开：灯具全部打开，灯光亮度调至 80%，适用于夜间或光线较暗的时候，同时色温建议调整为 2 000 ～ 4 000 K，这样避免了白光的刺眼，也能让整体效果更加温馨、舒适（图 2.12）。

图 2.12　星湖湾玄关效果图（图片来源：西顿照明）

② 玄关全关：灯具全部关闭，白天或者非必要的时候，保持全关状态，起到节能的作用。

（2）客厅

客厅是会客和家人团聚的集中地，是住宅套内的主要娱乐活动场所。其中柜内照明凸显摆放物品的精致，更加便于主人拿取东西；茶几区域的照明高于四周，便于会客聊天时有一个轻松愉快的氛围；基础环境照明平衡整体灯光。客厅区域所使用的灯具类型有射灯、装饰灯、灯带、磁吸灯、线性灯。

客厅灯光照度标准见表 2.3。

表2.3　客厅灯光照度标准

位置	照度标准	参考平面
整体	130 lx	地面上方0.75 m处的水平面
一般活动区	130 lx	地面上方0.75 m处的水平面
休闲区	300 lx	地面上方0.75 m处的水平面
客厅展示区	300 lx	地面上方0.75 m处的水平面
书写阅读区	500 lx	桌面

客厅场景控制模式如下：

① 客厅日常：重点区域灯具打开，亮度 80%，色温调至 3 000 ~ 3 500 K，明亮且温馨，使人能够放松地进行日常活动（图 2.13）。

图 2.13　星湖湾客厅效果图（图片来源：西顿照明）

② 客厅会客：重点区域灯具打开，亮度 80%，色温调至 3 500 ~ 4 000 K，光线舒适柔和，让整个空间视觉上变得舒适自然，大家可以互相看到，但是又不过于聚焦，有利于心态放松地沟通交流。

③ 客厅休闲：重点区域灯具打开，亮度、色温与日常模式相同，明亮且温馨，使人能够放松地休闲娱乐。

④ 客厅观影：重点区域灯具打开，亮度 15%，色温调至 3 000 ~ 3 500 K，进入沉浸的灯光模式，使人们不受灯光干扰，享受影音娱乐。

⑤ 客厅清洁：清洁区域灯具全部打开，亮度 100%，色温调至 4 000 ~ 5 000 K，进入防眩光、明亮的灯光模式，使人们在日常清洁的时候，能够看清楚灰尘或者污渍。

⑥ 客厅全关：灯具全部关闭，白天或者非必要的时候，保持全关状态，起到节能的作用。

（3）餐厅

餐厅的灯光不仅有增强食欲的功能，而且还能创造愉悦的氛围。主体照明柔和温暖，主要灯光集中在餐桌，使人能很轻易地看清桌上的食物及就餐人的面部。其中，酒柜照明作为辅助照明使用，增加空间氛围感。桌面重点照明提高，选用高显色性灯具，从而让菜色看着更加美味，基础环境照明平衡整体灯光。餐厅区域所使用的灯具类型有筒灯、射灯、装饰灯、灯带、磁吸灯。

餐厅灯光照度标准见表 2.4。

表2.4　餐厅灯光照度标准

位置	照度标准	参考平面
餐厅通过性空间	100 lx	地面
就餐区	200 lx	地面上方0.75 m处的水平面
餐厅展示区	500 lx	地面上方0.75 m处的水平面
吧台隔断区	300 lx	地面上方0.75 m处的水平面

餐厅场景控制模式如下：

① 餐厅全开：重点区域灯具打开，亮度 100%，色温调至 4 000 ~ 5 000 K，明亮且防眩光，使食物能够还原最真实的颜色，同时能发现细小的污渍。

② 餐厅烹饪：重点区域灯具打开，亮度 100%，色温调至 4 000 ~ 5 000 K，明亮且防眩光。确保人在烹饪的时候，灯光不会刺激眼睛。

③ 餐厅中餐：重点区域灯具打开，亮度 80%，色温调至 3 000 ~ 3 500 K，明亮且温馨，使人们能够放松地就餐（图 2.14）。

图 2.14　星湖湾餐厅效果图（图片来源：西顿照明）

④ 餐厅西餐：重点区域灯具打开，亮度 50%，色温调至 3 000 ~ 3 500 K，增加环境氛围，使人们浪漫地用餐。

⑤ 餐厅品酒：只打开部分射灯，亮度 50%，色温调至 3 000 ~ 3 500 K，灯光安静且柔和，能够观察酒体的颜色即可。

⑥ 餐厅全关：灯具全部关闭，白天或者非必要的时候，保持全关状态，起到节能的作用。

（4）主卧

主卧室空间的私密性与功能性决定了照明的氛围。以局部照明和重点照明相结合的方式，用恰到好处的色温营造出一种雅致的环境气氛。其中床头阅读时需要较低的基本照明，辅助较高的功能照明，床头背板及天花灯带都是起到氛围照明效果的关键，大空间过渡位置，需要一定的照度，采用基础照明。主卧区域所使用的灯具类型有筒灯、射灯、明装射灯、装饰灯。

主卧灯光照度标准见表 2.5。

表2.5　主卧灯光照度标准

位置	照度标准	参考平面
一般活动区	75 lx	地面上方0.75 m处的水平面
床头/阅读	200 lx	地面上方0.75 m处的水平面
书写阅读区	300 lx	桌面
衣帽间	200 lx	地面上方0.75 m处的水平面
休闲阳台	50 lx	地面上方0.75 m处的水平面

主卧场景控制模式如下：

① 主卧日常：重点区域灯具打开，亮度 80%，色温调至 3 000 ~ 3 500 K，明亮且温馨，使人能够放松地居住生活（图 2.15）。

图 2.15　星湖湾主卧效果图（图片来源：西顿照明）

② 主卧阅读：重点区域灯具打开，亮度 100%，色温调至 4 000 ~ 4 500 K，舒适且防眩光，使物品能够还原最真实的颜色，同时在阅读时候，不伤害眼睛。

③ 主卧温馨：重点区域灯具打开，亮度、色温与日常模式相同，明亮且温馨，使人们能够放松地居住生活。

④ 主卧观影：重点区域灯具打开，亮度 15%，色温调至 3 000 ~ 3 500 K，进入沉浸的灯光模式，使人们享受影音娱乐的同时也满足基本的灯光需求。

⑤ 主卧起夜：只打开部分射灯，亮度 50%，色温调至 3 000 ~ 3 500 K，安静且柔和，对部分区域起到照明即可。

⑥ 主卧全关：灯具全部关闭，白天或者非必要的时候，保持全关状态，起到节能的作用。

⑦ 打开窗帘：白天时候，室内光线相对较暗，可以自动打开窗帘，对室内进行光线补足。

⑧ 关闭窗帘：当光线较强或者对隐私保护的情况下，可选择一键关闭窗帘。

（5）儿童房

明亮清晰的灯光是儿童房必备的条件，尤其对于正处于学习期的孩子来说。理想的照明环境可以运用普照式的主灯，辅助式的嵌入式灯及书桌照明的台灯三者搭配。主灯的照度无须太强，以柔和为宜，光源朝下，以避免眩光。其中床头阅读时需要较低的基本照明，辅助较高的功能照明。大空间过渡的位置，需要一定的照度，采用基础照明。儿童房区域所使用的灯具类型有轨道式圆环灯、嵌入式调光灯。

儿童房灯光照度标准见表 2.6。

表2.6　儿童房灯光照度标准

位置	照度标准	参考平面
一般活动区	75 lx	地面上方0.75 m处的水平面
床头/阅读	200 lx	地面上方0.75 m处的水平面
书写阅读区	300 lx	桌面

儿童房场景控制模式如下：

① 儿童房日常：重点区域灯具打开，亮度 80%，色温调至 3 000 ~ 3 500 K，明亮且温馨，适合儿童日常使用生活（图 2.16）。

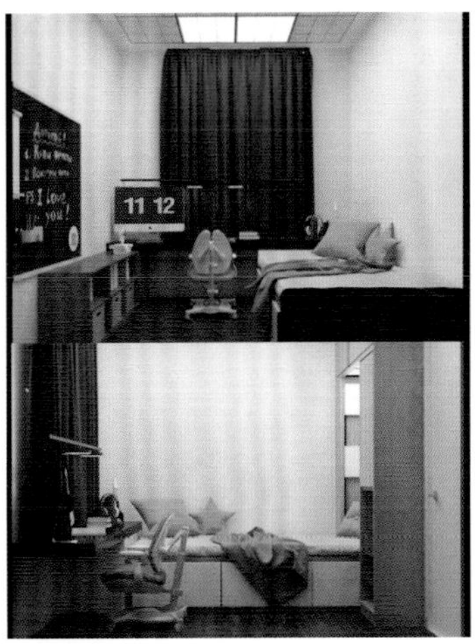

图 2.16　中冶儿童房效果图（图片来源：清华大学建筑学院张昕工作室）

② 阅读模式：重点区域灯具打开，亮度100%，色温调至4 000 ~ 4 500 K，舒适且防眩光，使事物能够还原最真实的颜色，同时在阅读的时候，不伤害眼睛。

③ 起夜模式：只打开部分射灯，亮度、色温与卧室相同，灯光安静且柔和，对部分区域起到照明即可。

④ 儿童房全关：灯具全部关闭，白天或者非必要的时候，保持全关状态，起到节能的作用。

（6）卫生间

私人住宅的卫生间通常包含洗漱、如厕、沐浴等功能，灯光首先要满足功能需求。增加部分射灯对立面进行辅助照明，营造氛围。其中由天花提供重点照明，方便使用，墙面镜子可搭配壁灯或镜前灯以满足仪容整理功能。卫生间区域所使用的灯具类型有射灯、灯带。

卫生间灯光照度标准见表2.7。

表2.7　卫生间灯光照度标准

位置	照度标准	参考平面
洗漱区	200 lx	桌面
淋浴区	100 lx	地面上方0.75 m处的水平面
如厕区	100 lx	地面上方0.75 m处的水平面

卫生间场景控制模式如下：

① 卫生间日常：重点区域灯具打开，亮度80%，色温调至3 000 ~ 3 500 K，满足日常使用生活（图2.17）。

图2.17　星湖湾卫生间效果图（图片来源：西顿照明）

② 卫生间晨起：重点区域灯具打开，亮度80%，色温调至3 500 ~ 5 000 K，舒适且防眩光，低色温与高色温灯具搭配使用，让卫生间灯光具有层次感。

③ 卫生间淋浴：重点区域灯具打开，亮度、色温与日常模式相同，防眩光且温馨，使人们能够放松地沐浴。

④ 卫生间泡澡：重点区域灯具打开，亮度60%，色温调至3 000 ~ 3 500 K，防眩光且舒适，使人们不受灯光干扰，享受泡澡带来的放松。

⑤ 卫生间起夜：只打开部分射灯，亮度50%，色温调至3 000 ~ 3 500 K，安静且柔和，对部分区域起到照明即可。

⑥ 卫生间全关：灯具全部关闭，白天或者非必要的时候，保持全关状态，起到节能的作用。

（7）衣帽间

相较于主卧，空间单一，对于照明需求也会减少，建议保证整体空间亮度足够、灯光氛围舒适温馨即可。其中天花灯带是该空间氛围照明的主要载体，柜体线性照明主要以功能性为主，目的是更好地展示柜内衣物，此处基础照明主要以平衡空间的视觉环境以及兼顾一定的人员流动照明。衣帽间区域所使用的灯具类型为磁吸系列。

衣帽间灯光照度标准见表2.8。

表2.8　衣帽间灯光照度标准

位置	照度标准	参考平面
地面	150 lx	地面
中岛柜面	200 ~ 300 lx	地面上方0.75 m处的水平面

衣帽间场景控制模式如下：

① 衣帽间明亮：重点区域灯具打开，亮度80%，色温调至3 500 ~ 4 000 K，明亮且舒适，使衣物能够还原最真实的颜色（图2.18）。

图2.18　星湖湾衣帽间效果图（图片来源：西顿照明）

② 衣帽间更衣：重点区域灯具打开，亮度、色温与明亮模式相同，光线舒适防眩光，能够放松自然地更换衣服。

③ 衣帽间清洁：清洁区域灯具全部打开，亮度100%，色温调至4 000 ~ 4 500 K，进入防眩光、明亮的灯光模式，使人们在做清洁的时候，能够看清楚灰尘或者污渍。

④ 衣帽间全关：灯具全部关闭，白天或者非必要的时候，保持全关状态，起到节能的作用。

（8）厨房

厨房选用的灯具通常以防水、防油烟和易清洁为主要原则。在准备食材、煮烧时，要注意工作台面上无阴影、无眩光，保证人在操作台使用厨具和洗涤碗筷时的照明充足。其中橱柜下方的照明以辅助操作为主，减少阴影，厨房基础环境照明要高于其他空间，避免厨房操作者看不清环境。厨房区域所使用的灯具类型有筒灯、灯带。

厨房灯光照度标准见表 2.9。

表2.9　厨房灯光照度标准

位置	照度标准	参考平面
整体	150 lx	地面上方0.75 m处的水平面
备餐区	300 lx	地面上方0.75 m处的水平面
烹饪区	300 lx	地面上方0.75 m处的水平面

厨房场景控制模式如下：

① 厨房全开：重点区域灯具打开，亮度 100%，色温调至 4 000 ~ 5 000 K，明亮且防眩光，使食物能够还原最真实的颜色，同时能发现厨房的污渍。

② 厨房全关：灯具全部关闭，白天或者非必要的时候，保持全关状态，起到节能的作用（图2.19）。

图 2.19　星湖湾厨房效果图（图片来源：西顿照明）

（9）书房

书房的照明应以满足人们读书、学习、办公的需要为设计基本点，以保护人们的视觉健康为设计准则。其中柜内照明以确定物品摆放的位置为主，便于主人拿取东西，办公桌面需要以高照度来展示，便于主人在此办公、看书，提高空间的照度比，增加空间明暗度，配以低色温低照度的灯光氛围打造轻松舒适的空间体验。书房区域所使用的灯具类型有筒灯、灯带、射灯、格栅射灯、线条灯。

书房灯光照度标准见表 2.10。

表2.10　书房灯光照度标准

位置	照度标准	参考平面
整体展示区	250 lx	地面上方0.75 m处的水平面
书写阅读区/洽谈区	500 lx	桌面

书房场景控制模式如下：

① 书房明亮：重点区域灯具打开，亮度 80%，色温调至 3 000 ~ 3 500 K，明亮且舒适，使书籍能够呈现出原本的色彩（图 2.20）。

图 2.20　星湖湾书房效果图（图片来源：西顿照明）

② 书房休闲：重点区域灯具打开，亮度 80%，色温调至 3 000 ~ 3 500 K，明亮且温馨，使人能够放松地休息。

③ 书房阅读：重点区域灯具打开，亮度 100%，色温调至 4 000 ~ 4 500 K，舒适且防眩光，使书籍能够还原最真实的颜色，同时在阅读的时候，不伤害眼睛。

④ 书房全关：灯具全部关闭，白天或者非必要的时候，保持全关状态，起到节能的作用。

（10）楼梯

楼梯是进入住宅的交通要道，属于必要的公共空间，用于区分室内外，起着非常重要的过渡作用。需要为室内室外空间过渡提供基础的环境光。楼梯区域所使用的灯具类型有灯带、线性灯、射灯。

楼梯灯光照度标准见表 2.11。

表2.11　楼梯灯光照度标准

位置	照度标准	参考平面
基础照明	75 lx	地面上方0.75 m处的水平面

楼梯场景控制模式如下：

① 楼梯全开：重点区域灯具打开，亮度80%，色温调至 3 500 ~ 4 000 K，明亮且防眩光，足够的光线能够确保日常使用安全（图 2.21）。

图 2.21　星湖湾楼梯效果图（图片来源：西顿照明）

② 楼梯全关：灯具全部关闭，白天或者非必要的时候，保持全关状态，起到节能的作用。

（11）阳台

阳台是一个休闲惬意的空间，结合外界的自然采光，满足空间的基础照明。其中置物柜下方的照明以辅助操作为主，营造空间氛围感，满足空间基础环境照明。厨房区域所使用的灯具类型有明装灯、射灯、灯带。

阳台灯光照度标准见表 2.12。

表2.12　阳台照度标准

位置	照度标准	参考平面
生活阳台	75 lx	地面上方0.75 m处的水平面
休闲阳台	50 lx	地面上方0.75 m处的水平面

阳台场景控制模式如下：

① 阳台全开：重点区域灯具打开，亮度80%，色温调至 3 500 ~ 4 000 K，明亮且防眩光，保持足够的光线，确保能够安全行走休息。

② 阳台全关：灯具全部关闭，白天或者非必要的时候，保持全关状态，起到节能的作用（图 2.22）。

图 2.22　星湖湾阳台效果图（图片来源：西顿照明）

（二）大平层 1

1. 居住成员情况分析

男业主：45 岁，从事建筑行业。平时在家喜欢看球赛、打乒乓球，偶尔会约朋友到家里吃饭、喝茶或品尝美酒，办公的时候喜欢独处安静的空间，有时候应酬回家比较晚。

女业主：42 岁，从事金融行业。平时喜欢养花、听音乐、运动健身，对睡眠质量有很高的要求。

儿子：14 岁，初二在读，需要安静的空间来专注学习。对电子设备非常感兴趣，喜欢听音乐、打鼓、打篮球。

男长辈：平时在家比较喜欢看报纸、看电视，喜欢听粤剧，偶尔也会约朋友到家打麻将。

女长辈：平时在家比较喜欢做菜，研究菜谱，喜欢听粤剧。

2. 空间实现

（1）客厅

客厅是日常生活中最主要的活动空间，可以会客、看电视、和家庭成员交流等。当聚会或者清洁的时候，可以执行明亮模式，一键开启整个区域的灯光以及窗帘，伴随设定好的音乐低声绕耳，可以给到一个非常好的环境氛围。

客厅灯光照度标准见表 2.13。

表2.13　客厅灯光照度标准

位置	照度标准	参考平面
一般活动区	100 lx	地面
阅读、会客区	300 lx	地面上方0.50 m处的水平面

客厅场景控制模式如下：

① 客厅柔和模式：给晚归的人留一盏灯，考虑到节能，灯光到了设定的时间会自动关闭。这样的功能模式既省去了主人起夜关灯，又起到了节能的作用。

② 客厅日常模式：根据人的趋光特性和视觉空间的亮度变化，把茶几灯和重点装饰灯开启即可，同时关掉沙发灯以及立面的灯光，拉进空间距离（图 2.23）。

图 2.23　华标峰湖御镜客厅效果图（图片来源：海豚智家）

③ 客厅观影模式：当需要观影的时候，把整个空间的亮度拉低，不过需要保证电视机周边的灯保持低亮度，避免电视机画面显得过于明亮从而损伤眼睛。

（2）餐厅

餐厅是一家人聚在一起最多的区域，也是大家停留交流最多的区域。

餐厅灯光照度标准见表 2.14。

表2.14　餐厅灯光照度标准

位置	照度标准	参考平面
餐桌面	200 lx	地面上方0.75 m处的水平面

餐厅场景控制模式如下：

① 餐厅明亮模式：家庭聚餐的时候，可以执行此模式，一键开启整个区域的灯光，让整个空间显得明亮大气（图 2.24）。

图 2.24　华标峰湖御镜饭厅效果图（图片来源：海豚智家）

② 餐厅就餐模式：关闭吊灯，通过顶面射灯重点照明来凸显菜品的魅力，同时拉低顶面灯带的亮度，通过光的汇聚、温馨的背景音乐伴奏拉近人与人之间的距离。

③ 餐厅生日模式：当生日蛋糕即将上场的时候，可以执行此模式。系统自动识别出当天是生日，自动关闭灯光，同时背景音乐播放生日歌，当歌曲结束后又自动恢复到关灯之前的灯光状态。

④ 餐厅西餐模式：执行此模式，可将西餐厅的灯光氛围搬到家中，温馨而又浪漫。

（3）厨房

一体化智慧厨房，打造健康美食解决方案。精准调温、自动防干烧、安全用火、烟灶联动。智能厨房不仅是控制灯光的开关，它更像一个智能管家，会定时打开排气扇，保证异味不会串到其他区域，使厨房干净，让人放心烹饪。

厨房灯光照度标准见表 2.15。

表2.15　厨房灯光照度标准

位置	照度标准	参考平面
一般活动区	100 lx	地面
操作台	200 lx	地面上方0.8 m高的台面

厨房也是家里最需要安防的地方，搭载煤气泄漏、水浸、烟火等安防传感器，联动报警，杜绝一切安全隐患，保护好家人的安全（图 2.25）。

图 2.25　华标峰湖御镜厨房效果图（图片来源：海豚智家）

（4）卧室

卧室为休息空间，是我们每天工作回来的充电站。好的卧室不仅能帮助我们提高睡眠质量、更好地消除疲劳，还能让我们放松心情，第二天都活力满满。

卧室灯光照度标准见表 2.16。

表2.16　卧室灯光照度标准

位置	照度标准	参考平面
一般活动区	75 lx	地面
阅读、床头区	150 lx	地面上方0.75 m处的水平面

卧室场景控制模式如下：

① 卧室明亮模式：当需要打扫卫生间的时候，可以执行此模式，一键开启整个区域的灯光，照亮整个空间，让污迹无处可藏（图 2.26）。

图 2.26　华标峰湖御镜卧室效果图（图片来源：海豚智家）

② 卧室睡眠模式：灯光缓慢关闭，窗帘自动关闭，同时空调自动开启并调节到合适的温度。

③ 卧室起床模式：缓慢开启灯光，背景音乐播放大自然的声音，不会再被闹钟强行唤醒，影响一天的心情，让人自觉从大自然的呼唤中醒来，迎接朝气蓬勃的一天。

（5）书房

书房是工作和学习的场所，光线要柔和明亮，尽量避免眩光和频闪，避免造成视觉疲劳和视力损伤（图 2.27）。

图 2.27　华标峰湖御镜书房效果图（图片来源：海豚智家）

书房灯光照度标准见表 2.17。

表2.17　书房灯光照度标准

位置	照度标准	参考平面
一般活动区	100 lx	地面
阅读、办公区	300 lx	地面上方0.75 m处的水平面

（三）大平层 2

1.项目背景

（1）空间情况

本项目为广州天河区某高端楼盘，楼栋为“楼王”单位，望中央园景，楼层位于12层，两梯两户，楼梯间开阔，得房率较高。面积为 201 m^2，三房两厅，各个空间开阔，纯南向，通风采光好，整个户型方正。主人房为套房，带主卫，客厅与餐厅未相连（图 2.28）。

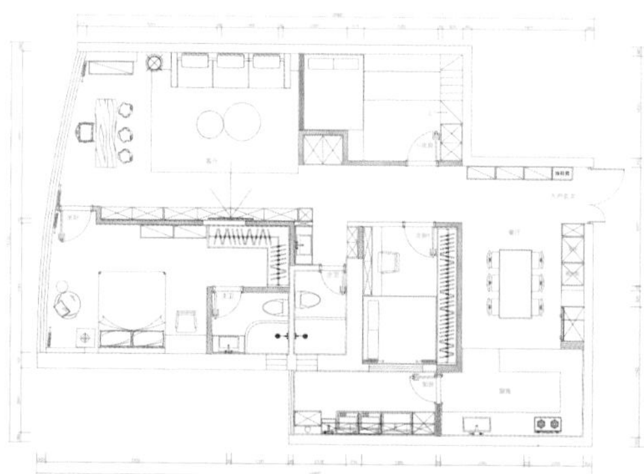

图 2.28　誉峰花园平面设计图（图片来源：金朋科技）

（2）家庭背景

业主为改善型居住购买者，购买后计划空间全部进行改造。常驻人员为 4 人，男业主、女业主、10 岁及 4 岁儿子各一个，业主的父母两人居住于附近，每日来访。男女业主均为企业高管，对智能产品接受度较高，有较高的审美水平，关注使用体验及日常维护的便捷。

2. 方案规划

设计采用基于 PLC-IoT 技术的全屋智能解决方案。房主家庭为零火线路，相较大多数现有住宅采用的单火线路，整体改造布线难度略有降低，结合 PLC 物联网的下面两大优势。优势一，稳健的混合组网能力和跨协议控制能力。以 PLC 为骨干，扩展 RS485、Wi-Fi、ZigBee、蓝牙、RF 等设备，充分适应各种场景的组网需求。优势二，首创全链路分级电噪声隔离技术。全系列产品内置噪声滤波电路，有效隔离电器及线路噪声，结合总线隔离器，保证控制信号可靠传输。（图 2.29 ~图 2.35、表 2.18）。

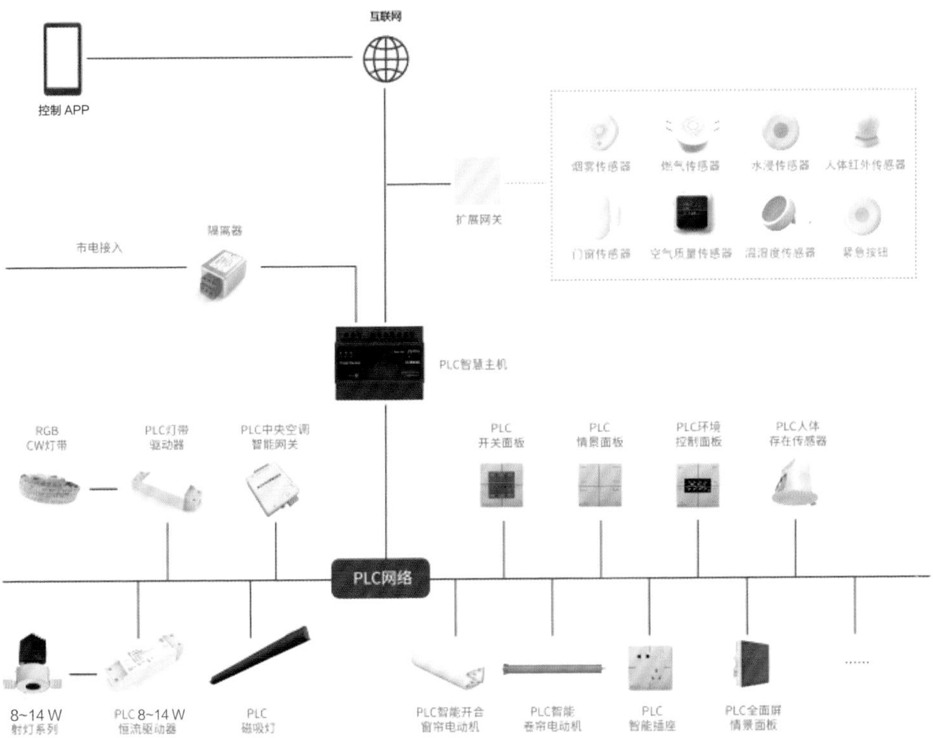

图 2.29　誉峰花园 PLC 系统图（图片来源：金朋科技）

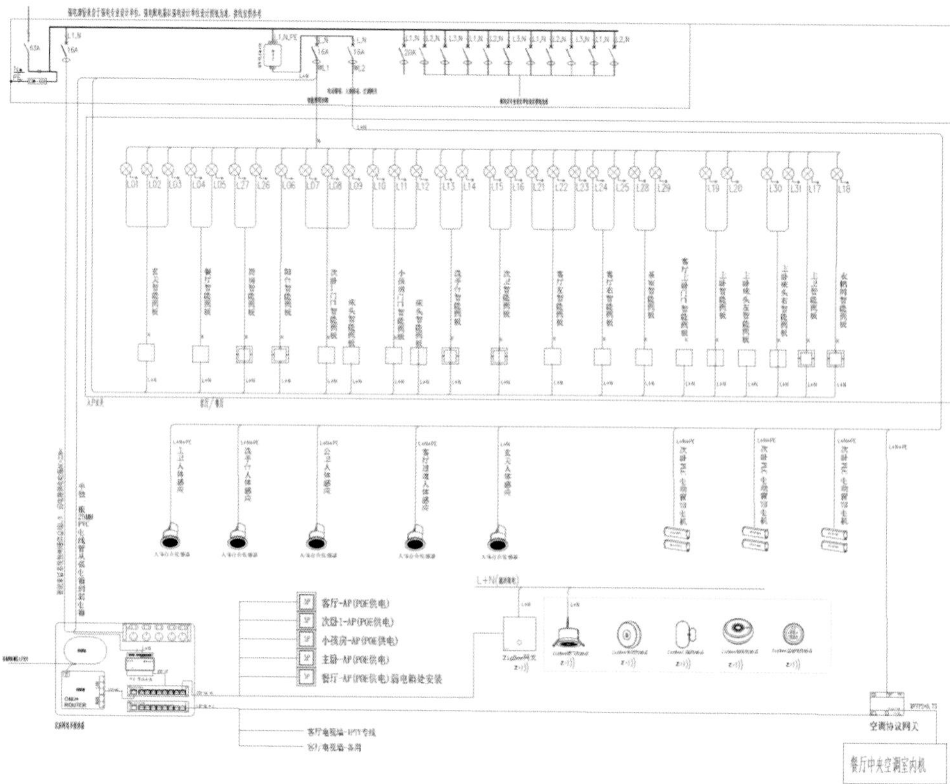

图 2.30　誉峰花园智能家居系统图（图片来源：金朋科技）

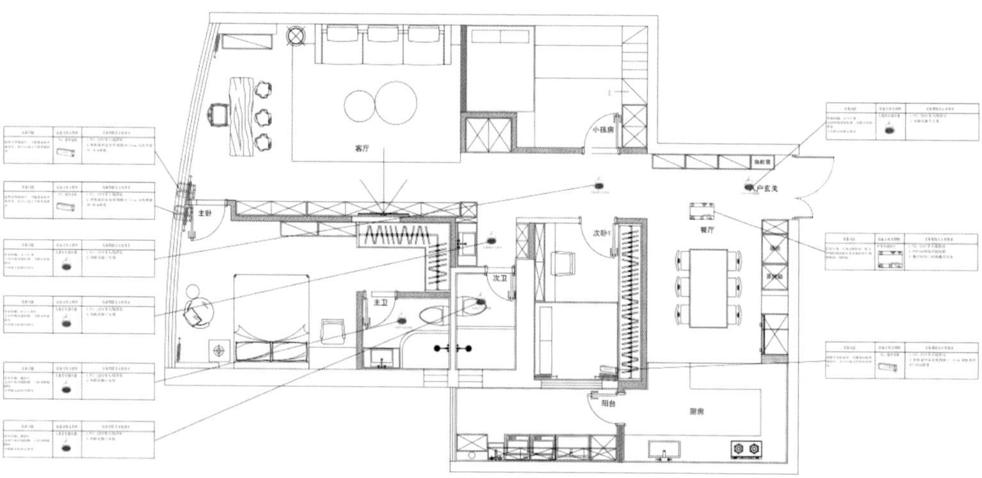

图 2.31　誉峰花园开关点位图（图片来源：金朋科技）

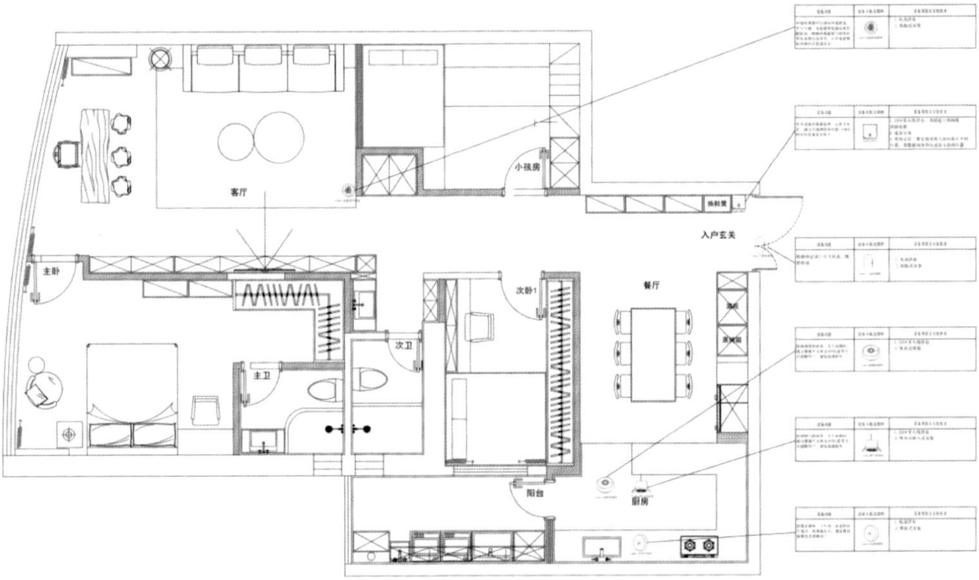

图 2.32 誉峰花园传感设备点位图（图片来源：金朋科技）

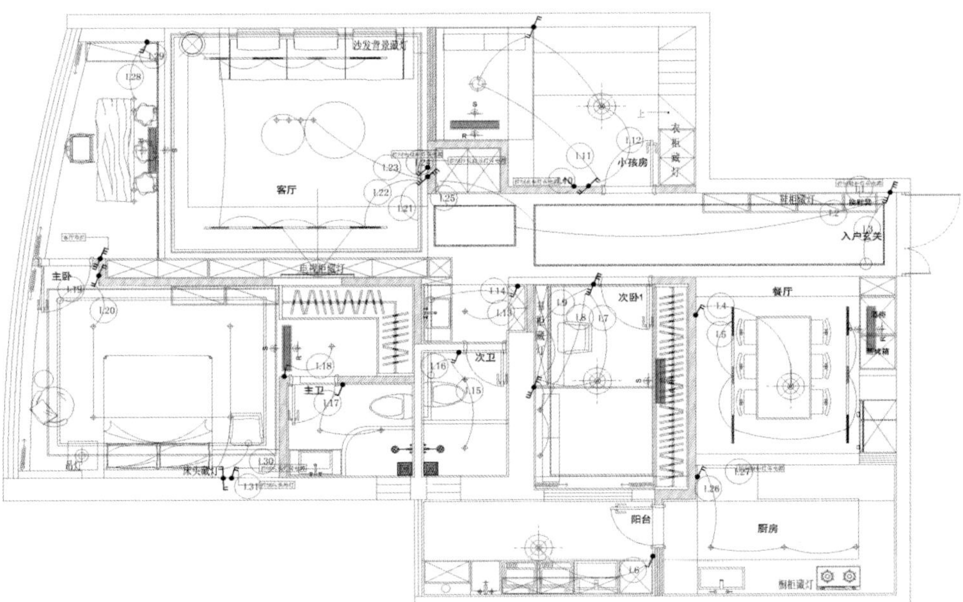

图 2.33 誉峰花园灯光回路图（图片来源：金朋科技）

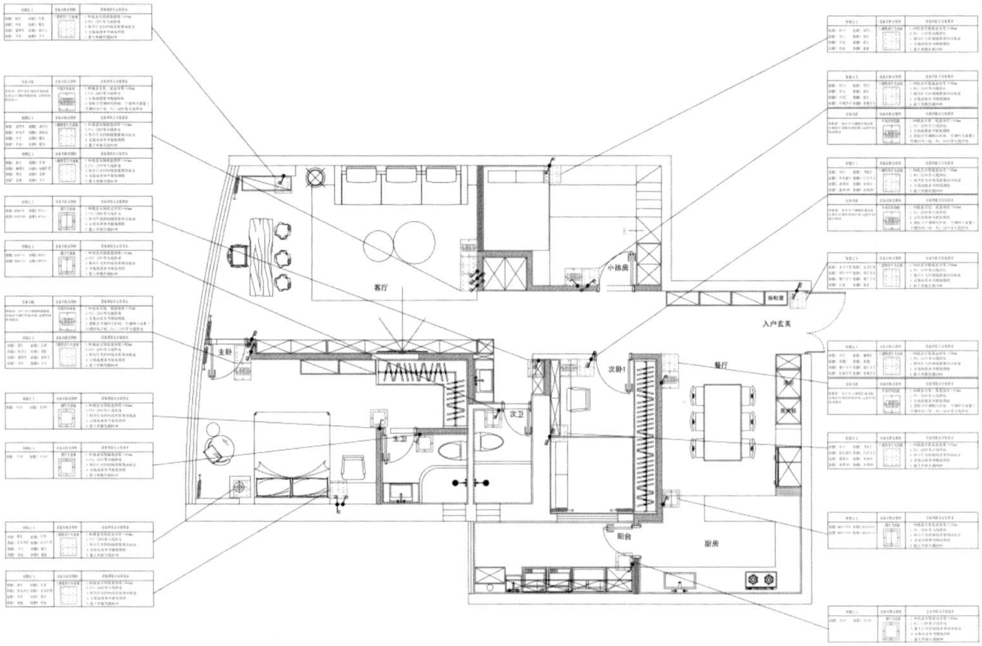

图 2.34　誉峰花园电动窗帘及人体感应点位图（图片来源：金朋科技）

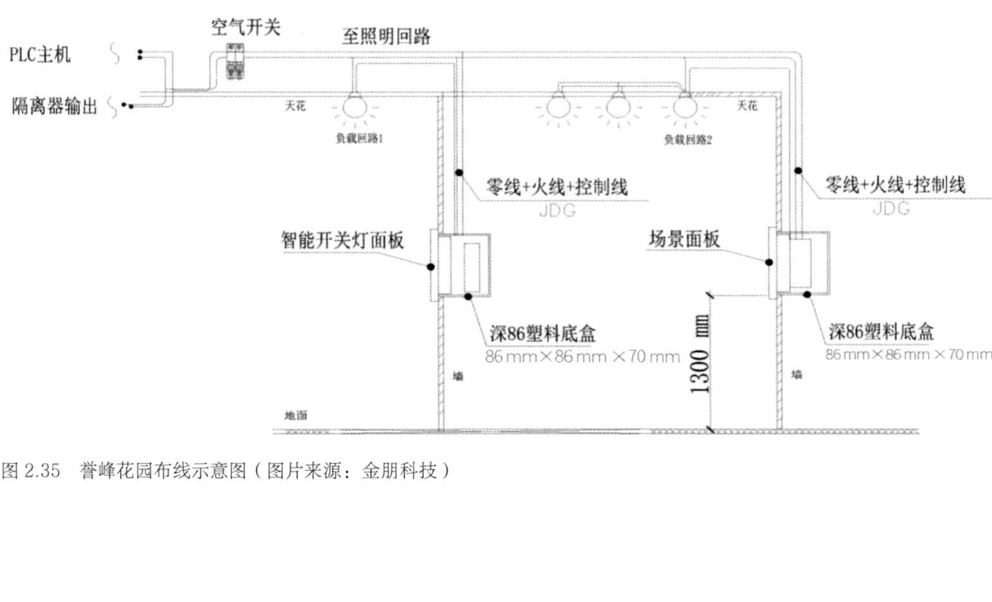

图 2.35　誉峰花园布线示意图（图片来源：金朋科技）

方案应用的设备清单见表 2.18。

表2.18　设备清单

序号	产品名称	图片	数量	产品功能
1	三相导轨主机（黑色）		1个	① 组网核心，是用于物联网络组建、管理、维护的大脑。 ② 支持PLC设备接入。 ③ 支持智能物联网控制、管理；支持智慧用电管理功能。 ④ 支持导轨安装。 ⑤ 支持单相电，三相电使用
2	40 A单相隔离器		1个	① 过滤干扰信号，保证系统稳定、可靠、安全的智能设备。 ② 谐波抑制，信号隔离。 ③ 单相40 A过流能力
3	2按键开关面板	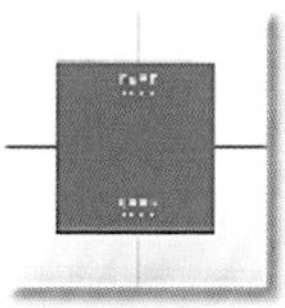	3个	① 多种颜色金属外壳，激光雕刻字服务。 ② 按键可以自定义配置为开关功能、情景功能。 ③ 本地控制、APP控制、自动化联动。 ④ 电力线通信，有电即有网
4	4按键开关面板		3个	① 多种颜色金属外壳，激光雕刻字服务。 ② 按键可以自定义配置为开关功能、情景功能。 ③ 本地控制、APP控制、自动化联动。 ④ 电力线通信，有电即有网
5	8按键情景面板		13个	① 多种颜色金属外壳，激光雕刻字服务。 ② 8个金属按键可以自定义配置为开关功能、情景功能。 ③ 本地控制、APP控制、自动化联动。 ④ 电力线通信，有电即有网
6	环境控制面板		5个	① 支持风机盘管空调、水地暖、新风系统的控制，也支持通过电力线通信从而实现对其他暖通产品的控制。 ② 多种颜色金属外壳。 ③ 本地控制、APP控制、自动化联动。 ④ 电力线通信，有电即有网
7	8～14 W智能驱动器		30个	① 可以通过拨码开关配置支持不同功率的筒灯、射灯，分别支持8 W、10 W、12 W、14 W。 ② 可以控制色温和亮度，支持远程控制，可以设置情景自动化
8	PLC开合帘窗帘电机	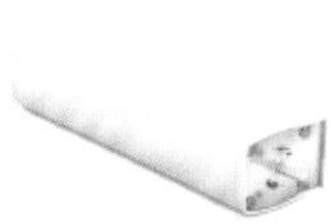	6个	① 支持电动布艺开合窗帘的APP控制，电子记忆限位，遇阻停止。 ② 控制开合百分比，手拉启动，停电手拉等功能

续表2.18

序号	产品名称	图片	数量	产品功能
9	PLC人体存在感应器		5个	① 人体存在的感应设备，同时支持环境亮度检测，可联动智能照明。 ② 能精确检测移动、微动及呼吸信号，实现真正的存在探测。 ③ 220V供电，电力线载波通信。 ④ 低阻抗天线设计，能有效抵抗5G、Wi-Fi、蓝牙等各种无线信号干扰。 ⑤ 内嵌式独立安装
10	PLC中央空调智能网关		1个	可远程实现空调开关、温度设置、模式切换、风速及风向调节、报故障、在线检测（需要室内机支持）等，最多能够控制64台室内机，同时支持监控不同室内机的开关、温度、故障等状态
11	传感器网关		1个	支持ZigBee子设备接入，支持本地控制、支持APP控制，支持情景模式，支持与PLC系统联动
12	烟雾传感器	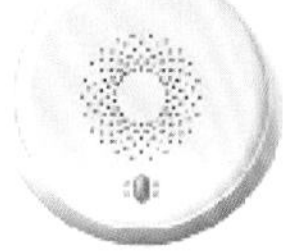	1个	① 采用先进的光学传感原理，能迅速发现火灾初期阴燃时的烟雾，尽早发现火灾的发生并通过独立声音报警和向网关发送无线信号等方式，及时提醒用户报警、灭火或逃生，降低或用于避免损失。 ② 广泛应用于家居、酒店、办公等场所
13	燃气传感器		1个	① 采用先进的小电流气敏元件，内置温度补偿模块，工作稳定，安装简单，能及时探测到空气中微小的可燃气体分子，准确地发出声光报警信号（72 dB），同时关闭机械手或关闭电子阀，并通过报警盒子将报警信号传送到客户手机APP，提示客户及时处理。 ② 适用于家庭、宾馆、公寓等存在可燃性气体的场所，进行安全监控。本产品符合国家标准《可燃气体探测器　第二部分：家用可燃气体探测》GB 15322.2—2019的标准要求
14	水浸传感器		1个	用于检测环境内水浸状态的传感器。积水漫过传感器探头两极时，闪烁灯告警的同时向网关发送无线报警信号，传送至用户手机上,可及时知晓并通知物业处理，杜绝“水漫金山”。适用于家居、酒店、仓库、办公等场所
15	门窗传感器	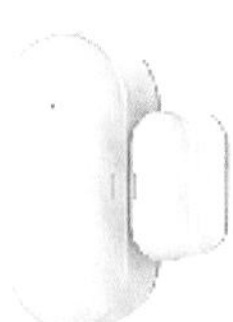	1个	① 及时感知门、窗、电器、家具柜门、抽屉等物体的开（关）状态，当磁体与主体分开一定距离（2 cm 左右）时，它能及时通过无线信号通知网关以实现报警及其他智能场景。 ② 适用于家居、酒店、办公等场所
16	温湿度传感器		1个	① 温湿度检测功能 。 ② $PM_{2.5}$检测功能。 ③ 无线连接功能

续表2.18

序号	产品名称	图片	数量	产品功能
1	10A带USB插座	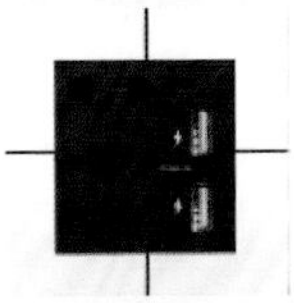	6个	—
2	感应夜灯	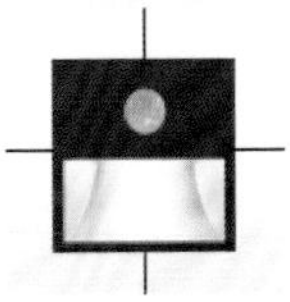	2个	—

根据 PLC 全屋智能方案，电箱作为全屋主控的核心，需要在房子原有电箱的基础上进行改造。在原有总空气开关及分路空气开关的基础上加入 40A 单相隔离器，对整个家庭电路中的电噪声进行隔离，配合各个 PLC 设备内置的电噪声隔离芯片，确保整个 PLC 物联网信号稳定；加入 PLC 智慧主机，作为智能家庭控制中心，可同时接入多个 PLC 设备，实现设备之间的联动互通，同时连入云端，远程可控。通过这两个设备的加入，即可完成整个家庭的 PLC 物联网中央控制（图 2.36）。

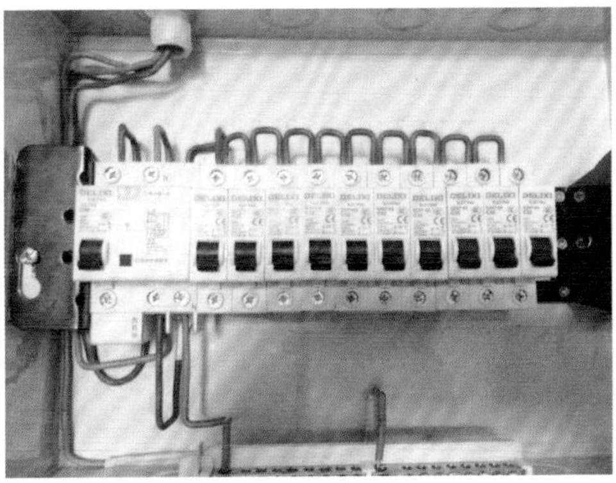

图 2.36　誉峰花园电箱图（图片来源：金朋科技）

3. 空间实现

在硬件方面，客厅、餐厅、主卧、卫生间及阳台需要调光、调色；全屋更换为智能开关及插座，以便进行全面控制；主卧、阳台的窗帘进行智能化控制；全屋环境进行细致监测，特别是两个儿童房的环境质量及厨房的各种风险；考虑老人偶尔过来，年纪大，卫生间要监测到人的状态，常规的家庭监控、门外监控、智能锁需要完善。

在管理软件方面，针对市场普遍需要下载 APP 进行管理，操作复杂，根据这一家庭的情况，推荐无须下载 APP，小程序即可管理的方案，操作简单、即用即走；同时平台安全、稳定，拥有高并发能力；小程序内拥有丰富的生态产品，客户可以根据需要进行扩展，满足多样化产品需求。

（1）玄关及客厅

客户需求：从入户门到客厅，以打造全方位的智能体验为目标，满足离家、生活、聚会等多种需求。

玄关及客厅配置如下：

在玄关配备门外视频监控、智能猫眼、智能门锁，门旁为整个居所的面板总控，玄关射灯均能智能调节，通过人体感应，判断人员出入。

客厅内，所有灯光智能可调；设置环境传感设备，能及时判断温度、湿度，并监测环境质量；新风系统、空调、窗帘均为智能化联动管理；家有小孩，配备烟雾报警；预留智能插座，未来可管理接入设备。

玄关及客厅场景控制模式如下：

① 离家模式：窗帘缓缓关闭，灯光关闭，空调及新风系统进入关闭状态，摄像头开启，各类传感设备开启，进入监控状态。

② 娱乐模式：窗帘关闭，灯光逐渐变暗，各类影音设备开启，温湿度调节至适宜状态。

③ 回家模式：开门进入，灯光开启，窗帘开启，背景音乐缓缓打开，智能音箱播放欢迎词，空调调到适宜温度（图 2.37）。

图 2.37　誉峰花园客厅效果图（图片来源：金朋科技）

（2）餐厅

根据与客户的沟通，餐厅的智能化目标为联动灯光、环境、背景音乐等，打造最具氛围感的就餐环境。

塑造较好的就餐氛围，配置可智能调整的灯光；及时监测环境温度、湿度及空气质量，联动新风系统、空调；考虑到客户的就餐习惯（喜火锅、烧烤），配备烟雾传感器；结合智能音箱，打造较好的背景音乐；考虑未来智能化的设备接入，预留智能插座。

餐厅场景控制模式如下：

① 餐厅烛光模式：灯光亮度、色温调节至设定状态，灯光亮起或闪烁，音乐缓缓播放，环境温度、湿度自动调节到适宜状态。

② 餐厅家庭模式：灯光亮度调节至小孩护眼模式，色温调节、窗帘开启，背景音乐轻轻响起，开始一家人的晚餐（图 2.38）。

图 2.38　誉峰花园餐厅效果图（图片来源：金朋科技）

（3）厨房

除可控的照明、常规的环境监测、预留智能插座外，还要重点对厨房常见的各种风险进行防范，主要如水浸、烟雾、燃气泄漏等，加入各类传感设备，设置紧急按钮。

厨房场景控制模式如下：

① 厨房预备模式：炖汤连接插座、电饭锅连接插座，设定开启时间，提前进入预备模式。

② 厨房监控模式：各种水浸、燃气、烟雾传感器全面进入监控状态，任何安全问题第一时间推送至主人的手机微信（图 2.39）。

图 2.39　誉峰花园厨房效果图（图片来源：金朋科技）

（4）卧室

卧室的智能化目标是协同各类传感器及智能设备，打造最好的睡眠状态，让男女业主能够享受到高质量的睡眠。

通过灯光的调控进行氛围打造。女业主睡眠浅、易惊醒，起夜灯光需要可控，持续进行环境监测；新风系统、空调、窗帘均需要智能化管理，配备智能音乐系统，预留智能插座，以便接入空气净化器。

卧室场景控制模式如下：

① 卧室睡眠模式：窗帘缓缓关闭，空调温度自动调节，所有灯光关闭、净化器插座通电开启。

② 卧室起夜模式：传感器自动感应有人移动，感应夜灯亮起，不打扰伴侣的睡眠。

③ 卧室晨起模式：窗帘缓缓开启，背景音乐响起，空调及湿度自动进行调节，确保能逐步进入清醒状态（图 2.40）。

图 2.40　誉峰花园主卧效果图（图片来源：金朋科技）

（5）儿童房

儿童房以基础的智能控制为主，持续进行环境监测；新风系统、空调均需要智能化管理，对所有的照明开关进行管理，预留智能插座，未来可管理接入设备的通断。

针对两个儿童房，还是以基础的监测和管理为主，父母远程可调节空调、新风系统、照明通断、插座通断，监测环境，保证孩子们学习、睡眠环境适宜，不对空间做过多的监控，保证各类设备一定的使用自由度（图 2.41）。

图 2.41 誉峰花园儿童房效果图（图片来源：金朋科技）

（6）卫生间

卫生间以打造私密放松空间为目的，考虑到男业主的父母会偶尔过来，年纪较大，所以设置相应的防护模式，对卫生间中容易发生的风险进行智能防护。

基于安全的考虑，需要配备人体存在感应器持续监测，可触发紧急报警，以便快速进行响应。同时配备相应的水浸等传感器，预留智能插座，未来可对卫生间的电器（如热水器等）进行通断管理。

卫生间场景控制模式如下：

① 卫生间沐浴模式：热水器提前开启，灯光开启，窗帘缓缓关闭，跟随自己喜欢的音乐，尽情沐浴，享受放松时光。

② 卫生间防护模式：人体存在感应器持续监测，如果家中老人遇到危险，可触发紧急报警，快速进行响应。

（四）小户型

小户型因为空间有限，最怕的就是压抑感和杂乱感。所以除了日常的家居摆设以及规整的收纳，建议装修时，在灯光上可以多下功夫，以此来增加家里的空间感和立体感。灯光设计时要充分考虑到各空间的照明需求，让主人处于一个舒适的生活环境（图 2.42）。

图 2.42 华郡花园户型效果图（图片来源：西顿照明）

1. 空间设计

① 客厅：灯光设计应简单大气，避免空间显得压抑。对于艺术品和有特色的家具，可以添加射灯，凸显重点物品，丰富层次。

② 卧室：休息的地方，应以营造舒适、温馨的睡眠氛围为主。进行照明设计时，应减少眩光，色温以暖色为主，还可以配置台灯、地灯、壁灯等辅助照明和装饰灯具，也可以用隐藏式灯具代替主灯。

③ 厨房：灯光应具有足够的亮度，且要注意避免操作区出现阴影；厨房油烟大，建议主灯选择容易清洁的灯具，也可以安装壁灯或在橱柜底部安装射灯，另外要注意灯具应尽量远离灶台进行安装。

④ 餐厅：灯光应以柔和的暖光为主，既能体现饭菜的状态，又能营造良好的就餐环境；主照明可用小吊灯，局部照明可用壁灯或射灯，也可以安装可升降的吊灯，周围还装上一些壁灯来辅助照明，同时也有很好的装饰效果。

⑤ 卫生间：光线要明亮且柔和，灯具应选择防水性好的灯具。洗手台镜子上方及周边可安装射灯或日光灯，方便梳洗和剃须。淋浴房或浴缸处可用天花板上的射灯，方便洗浴，也可用低处照射的光线营造温馨且轻松的气氛。

2. 方案设计——照明系统图

设备清单：网关 × 1、场景面板 × 10、单色恒流电源 × 24、双色恒流电源 × 8、单色恒压电源 × 6、双色恒压电源 × 6、开关量模块 × 1、隔离器 × 1（图 2.43）。

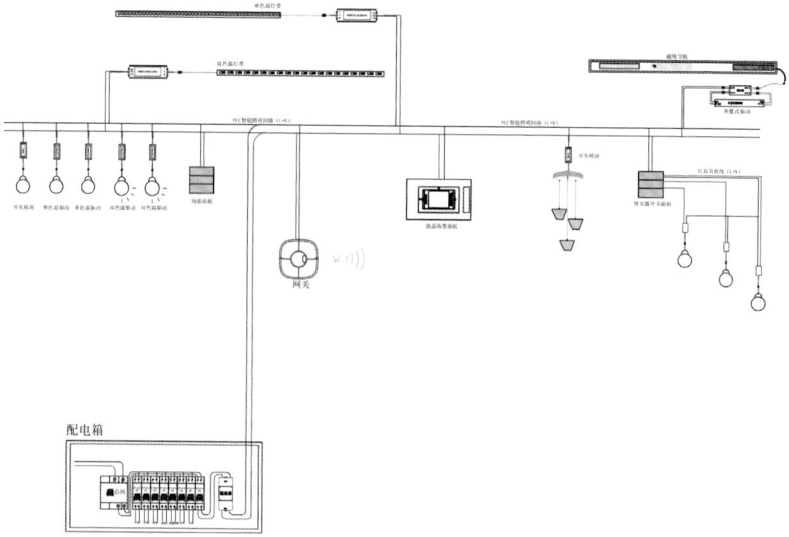

图 2.43　华郡花园照明系统图（图片来源：西顿照明）

3.方案设计——布线注意事项

① PLC 网关开关、场景开关底盒预留标准为 86 底盒，底盒内预留 220 V 零线和火线。

② PLC 智控回路只能接入 PLC 设备，其他电器如插座、空调、窗帘电机、普通照明灯具等需单独划分回路布线，不得接入 PLC 回路。

③ 恒流调色驱动功率拨码可调，档位分为 9 W、12 W、15 W；恒流调光驱动挡位分为 7 W、9 W、12 W、15 W、20 W。

④ 恒压调色模块、恒压调光模块最大带载功率为 100 W，实际使用不得超过额定功率的 80%。

⑤ PLC 灯具恒流驱动放置于灯具开孔处，PLC 恒压驱动隐藏于天花检修口等便于检修处。

⑥ 恒流调色驱动到灯具预留 4 芯线，恒流调光驱动到灯具预留 2 芯线；恒压调色驱动到灯带或线条灯预留 3 芯线，恒压调光驱动到灯带或线条灯预留 2 芯线（图 2.44）。

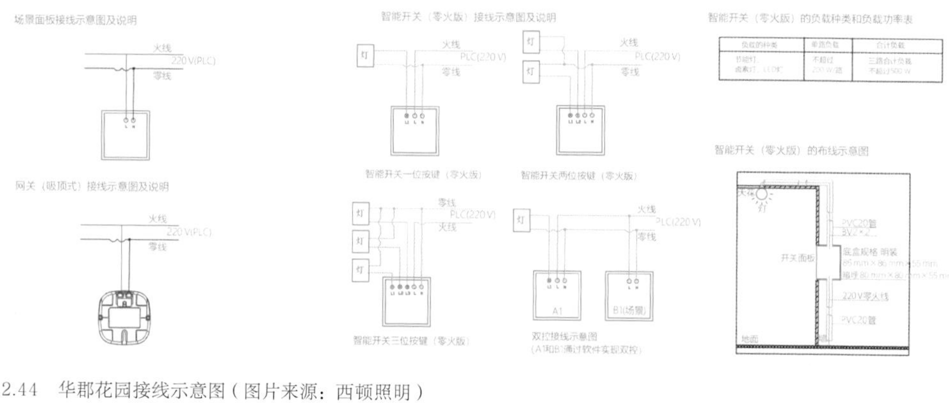

图 2.44　华郡花园接线示意图（图片来源：西顿照明）

4. 空间实现

（1）客厅

客厅是会客、休闲、聚会、娱乐的场所，因为功能复合，所以设计时要多方考量。如柜内照明要以实用为主，便于主人拿取东西。茶几区域的照明高于四周，便于会客聊天时有一个轻松的氛围，基础环境照明平衡整体灯光。客厅区域所使用的灯具类型有灯带、磁吸灯、线性灯。

客厅灯光照度标准见表 2.19。

表2.19 客厅灯光照度标准

位置	照度标准	参考平面
整体	130 lx	地面上方0.75 m处的水平面
一般活动区	130 lx	地面上方0.75 m处的水平面
休闲区	300 lx	地面上方0.75 m处的水平面

客厅场景控制模式如下：

① 客厅日常：重点区域灯具打开，亮度 80%，色温调至 3 000 ~ 3 500 K，明亮且温馨，使人能够放松地聚会娱乐（图 2.45）。

图 2.45 华郡花园客厅效果图（图片来源：西顿照明）

② 客厅观影：重点区域灯具打开，亮度 15%，色温调至 3 000 ~ 3 500 K，沉浸的灯光模式使人们不受灯光干扰，专心享受影音娱乐。

③ 客厅清洁：清洁区域灯具全部打开，亮度 100%，色温调至 4 000 ~ 4 500 K，进入防眩光、明亮的灯光模式，使人们在日常清洁的时候，能够看清楚灰尘或者污渍。

④ 客厅全关：灯具全部关闭。

（2）餐厅

餐厅的灯光可以增强食欲。主体照明应以柔和明亮为主，灯光应集中在餐桌。酒柜照明作为辅助照明使用，可以增加空间氛围感。桌面重点照明选用高显色性灯具，从而让菜色看着更加美味可口，基础环境照明平衡整体灯光。餐厅区域所使用的灯具类型有筒灯、灯带、磁吸灯。

餐厅灯光照度标准见表 2.20。

表2.20 餐厅灯光照度标准

位置	照度标准	参考平面
餐厅通过性空间	100 lx	地面
就餐区	200 lx	地面上方0.75 m处的水平面

餐厅场景控制模式如下：

① 餐厅全开：重点区域灯具打开，亮度 100%，色温调至 4 000 ~ 4 500 K，干净明亮，方便日常清洁整理。

② 餐厅用餐：重点区域灯具打开，亮度 80%，色温调至 3 000 ~ 3 500 K，明亮且温馨，使人们能够放松地就餐（图 2.46）。

图 2.46 华郡花园餐厅效果图（图片来源：西顿照明）

③ 餐厅西餐：重点区域灯具打开，亮度 50%，色温调至 3 000 ~ 3 500 K，增加用餐时的情调和氛围感。

④ 餐厅全关：灯具全部关闭。

（3）主卧

主卧室空间的私密性决定了照明的氛围。以局部照明和重点照明相结合的方式进行布置，可以营造出一种雅致的环境氛围。在床头阅读时需要较低的基本照明，辅助较高的功能照明；床头背板及天花灯带都是起到氛围照明的关键；大空间过渡位置，需要一定的照度，采用基础照明。主卧区域所使用的灯具类型有筒灯、灯带、磁吸灯。

主卧灯光照度标准见表 2.21。

表2.21 主卧灯光照度标准

位置	照度标准	参考平面
一般活动区	75 lx	地面上方0.75 m处的水平面
床头/阅读	200 lx	地面上方0.75 m处的水平面
书写阅读区	300 lx	桌面

主卧场景控制模式如下：

① 主卧日常：重点区域灯具打开，亮度80%，色温调至3 000～3 500 K，明亮且温馨，使人能够放松地居住（图2.47）。

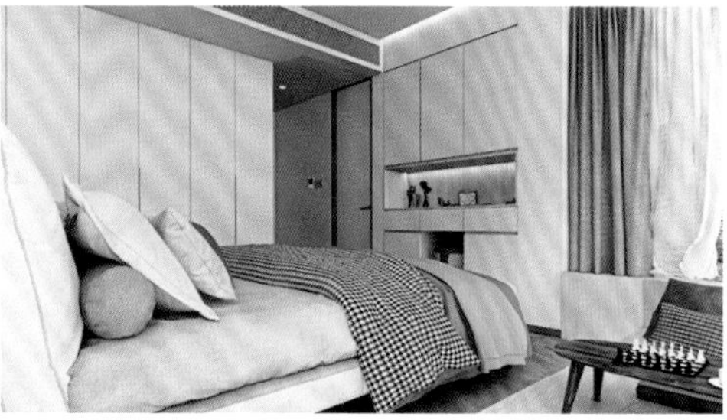

图2.47 华郡花园主卧效果图（图片来源：西顿照明）

② 主卧阅读：重点区域灯具打开，亮度100%，色温调至4 000～4 500 K，舒适且防眩光，还原事物最真实的颜色，同时在阅读的时候，不伤害眼睛。

③ 主卧温馨：重点区域灯具打开，亮度、色温与日常模式相同，温馨明亮，使人们能够放松身心。

④ 主卧起夜：只打开部分射灯，亮度50%，色温调至3 000～3 500 K，安静且柔和，在保证睡眠的基础上只对部分区域起到照明即可。

⑤ 主卧清洁：灯具全部打开，亮度、色温与日常模式相同，进入防眩光、明亮的灯光模式，使人们在做清洁的时候，能够看清楚灰尘或者污渍。

⑥ 主卧全关：灯具全部关闭。

（4）儿童房

儿童房的灯光应以明亮为主，尤其对于正处于学习期的孩子来说。理想的照明环境可以运用普照式的主灯、辅助式的嵌入式灯及书桌照明的台灯三者搭配，主灯的照度不要太强，以柔和为宜，避免眩光。儿童房区域所使用的灯具类型有轨道式圆环灯、嵌入式调光灯。

儿童房灯光照度标准见表2.22。

表2.22 儿童房灯光照度标准

位置	照度标准	参考平面
一般活动区	75 lx	地面上方0.75 m处的水平面
床头/阅读	200 lx	地面上方0.75 m处的水平面
书写阅读区	300 lx	桌面

儿童房场景控制模式如下：

① 儿童房日常：重点区域灯具打开，亮度80%，色温调至3 000～3 500 K，明亮且温馨（图2.48）。

图2.48 华郡花园儿童房效果图（图片来源：西顿照明）

② 儿童房阅读模式：重点区域灯具打开，亮度100%，色温调至4 000～4 500 K，舒适且防眩光，方便阅读的同时不伤害眼睛。

③ 儿童房起夜模式：只打开部分射灯，亮度50%，色温调至3 000～3 500 K，安静且柔和，对部分区域起到照明即可。

④ 儿童房全关：灯具全部关闭。

（5）卫生间

卫生间通常包含洗漱、如厕、沐浴功能，灯光要优先满足这些功能需求。增加部分射灯对立面进行补光辅助照明，天花提供重点照明，墙面镜子搭配壁灯或镜前灯可以满足日常仪容整理。卫生间区域所使用的灯具类型有射灯、灯带。

卫生间灯光照度标准见表2.23。

表2.23 卫生间灯光照度标准

位置	照度标准	参考平面
洗漱区	200 lx	桌面
淋浴区	100 lx	地面上方0.75 m处的水平面
如厕区	100 lx	地面上方0.75 m处的水平面

卫生间场景控制模式如下：

① 卫生间日常：重点区域灯具打开，亮度80%，色温调至3 000～3 500 K，明亮且温馨，方便日常使用生活（图2.49）。

图 2.49　华郡花园卫生间效果图（图片来源：西顿照明）

② 卫生间沐浴：重点区域灯具打开，亮度、色温与日常模式相同，开启防眩光模式，使人们能够放松地沐浴。

③ 卫生间起夜：只打开部分射灯，亮度 50%，色温调至 3 000 ~ 3 500 K，安静且柔和，对部分区域起到照明即可。

④ 卫生间全关：灯具全部关闭。

（6）厨房

厨房选用的灯具通常以防水、防油烟和易清洁为原则。在准备食材、煮烧时，要注意的是工作台面上无阴影、无眩光。保证人在操作台使用厨具和洗涤碗筷时的充足照明。其中橱柜下方的照明以辅助操作为主，减少阴影，厨房基础环境照明要高于其他空间，避免厨房操作者看不清环境。厨房区域所使用的灯具类型有筒灯、灯带。

厨房灯光照度标准见表 2.24。

表2.24　厨房灯光照度标准

位置	照度标准	参考平面
整体	150 lx	地面上方0.75 m处的水平面
备餐区	300 lx	地面上方0.75 m处的水平面
烹饪区	300 lx	地面上方0.75 m处的水平面

厨房场景控制模式如下：

① 厨房全开：重点区域灯具打开，亮度 100%，色温调至 4 000 ~ 5 000 K，明亮且防眩光，使食物能够还原最真实的颜色，同时能发现厨房的污渍（图 2.50）。

图 2.50　华郡花园厨房效果图（图片来源：西顿照明）

② 厨房全关：灯具全部关闭。

（7）阳台

阳台是一个可以惬意休闲的空间，通常结合外界的自然采光，以满足空间的基础照明。其中置物柜下方的照明以辅助操作为主，营造空间氛围感，满足空间基础环境照明。阳台区域所使用的灯具类型有明装灯、射灯、灯带。

阳台灯光照度标准见表 2.25。

表2.25　阳台灯光照度标准

位置	照度标准	参考平面
生活阳台	75 lx	地面上方0.75 m处的水平面
休闲阳台	50 lx	地面上方0.75 m处的水平面

阳台场景控制模式如下：

① 阳台全开：重点区域灯具打开，亮度 80%，色温调至 3 500 ~ 4 000 K，明亮且防眩光，保持足够的光线，确保能够安全行走休息（图 2.51）。

图 2.51　华郡花园阳台效果图（图片来源：西顿照明）

②阳台全关：灯具全部关闭。

第三章

PLC 公共类场景应用

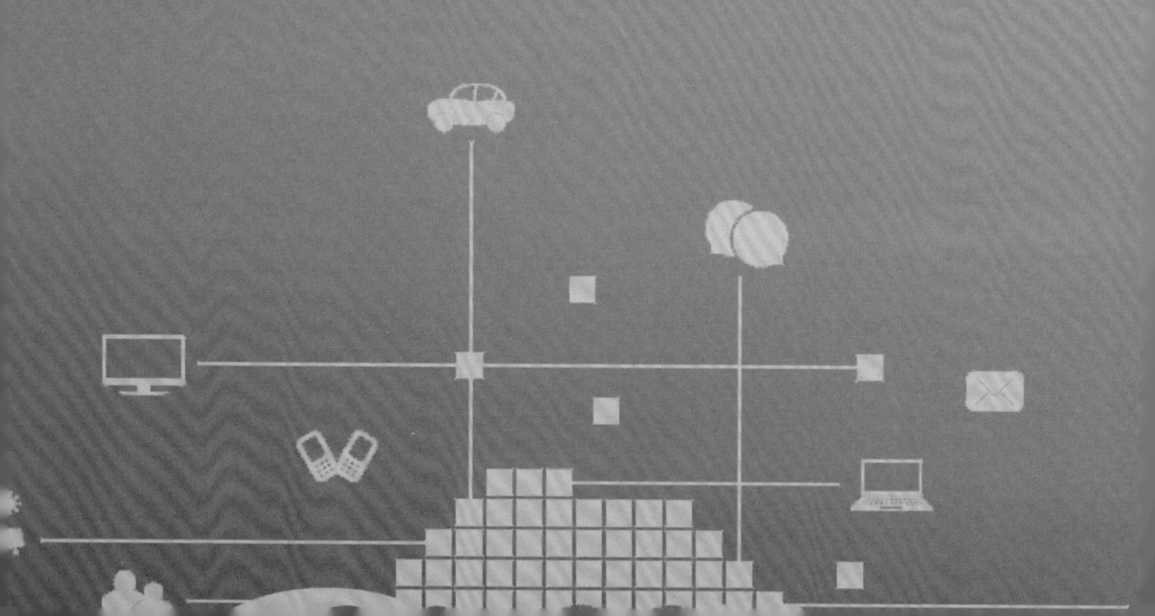

一、PLC 系统在公共类场景中应用的概述

PLC 的智能照明系统因为具有以下优势，所以极适合在公共项目中应用。

① PLC 网随电通，不需要布信号线，对于大型的空间，比如高铁站、机场等，可以节省非常多的布线成本。

② PLC-IoT 底层通信技术 HPLC 芯片的点对点通信距离可达 2400 m，一个网关可承载节点数高达 1024 个（不考虑负载因素），而公共项目动辄上千、上万个灯具，PLC 系统可以尽量减少系统分支，节省网关数量，系统更加简洁，进而让施工及维护都更加便利。

③ 在公共场景中，人流复杂、空间环境复杂，PLC 利用实体电力线传输智能照明信号，可穿墙，不担心"无线网络风暴"造成信号干扰，可以保障交付后的稳定运行。

PLC 应用于公共类场景有以下几种系统实施的方法：

① 单灯单控：系统中每一个灯具、面板、传感器及各种控制硬件都带有 PLC 芯片，每一条电力线可以带 200 ~ 400 个 PLC 智能设备（图 3.1）。这样的系统设计方式优点是系统布线简单，完全体现 PLC 协议的优势，且场景设置非常有弹性，可以对单灯进行控制，也可以自由设置群组控制，随时调整回路及场景，个别灯具的调光效果也更好、精度更高；缺点是成本较高，且对电力线布线的规范要求较高，不适合改造项目，适合在酒店、博物馆、餐厅等对光环境要求较高的场景中使用（图 3.2）。具体的系统控制原理为通过手机、平板、电脑上的终端软件，利用互联网或局域网直接向每一个灯具及设备下达指令，每个灯具及设备即可直接反应开、关、调光值，实现预设的智能场景。并且因为 PLC 的传输速率高，整个系统响应指令的一致性非常高，灯光场景的淡入或淡出可以呈现出优秀的协调性及高级感（图 3.3）。

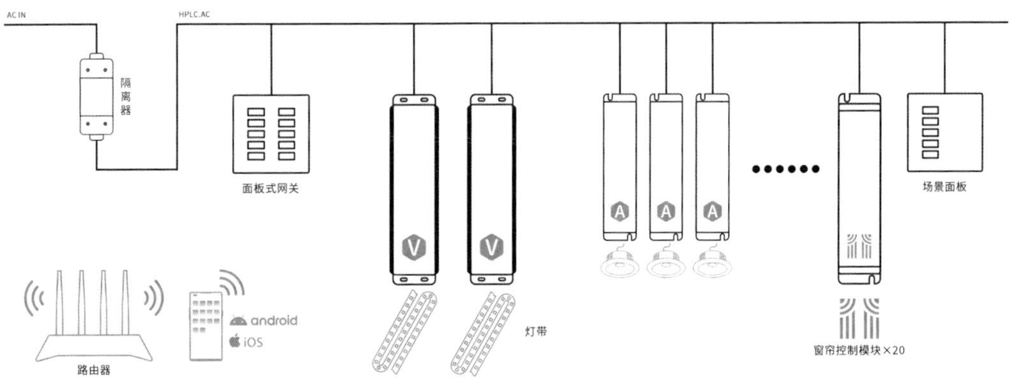

图 3.1　单灯单控系统拓扑图（图片来源：永林）

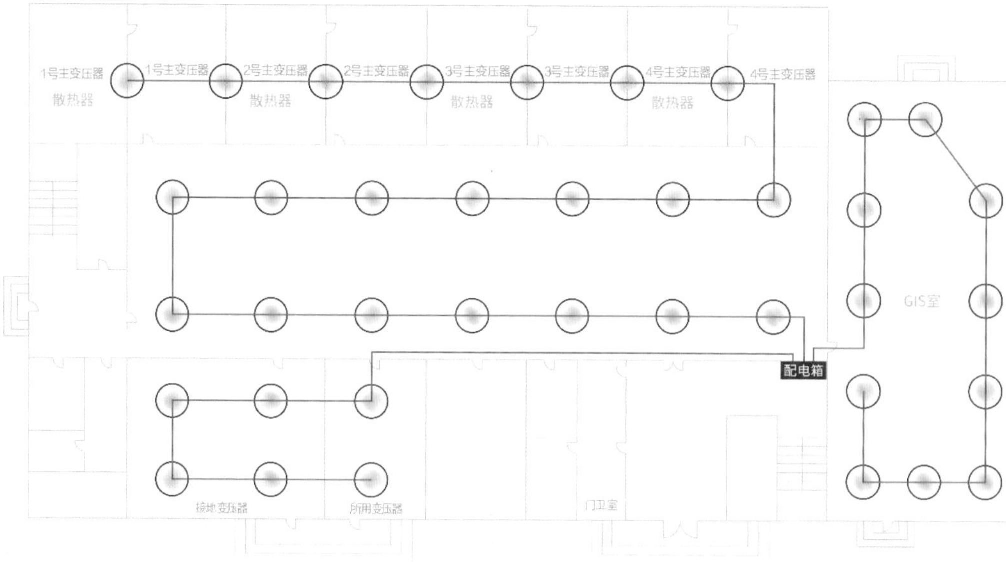

图 3.2 单灯单控灯具布置图（图片来源：华荣）

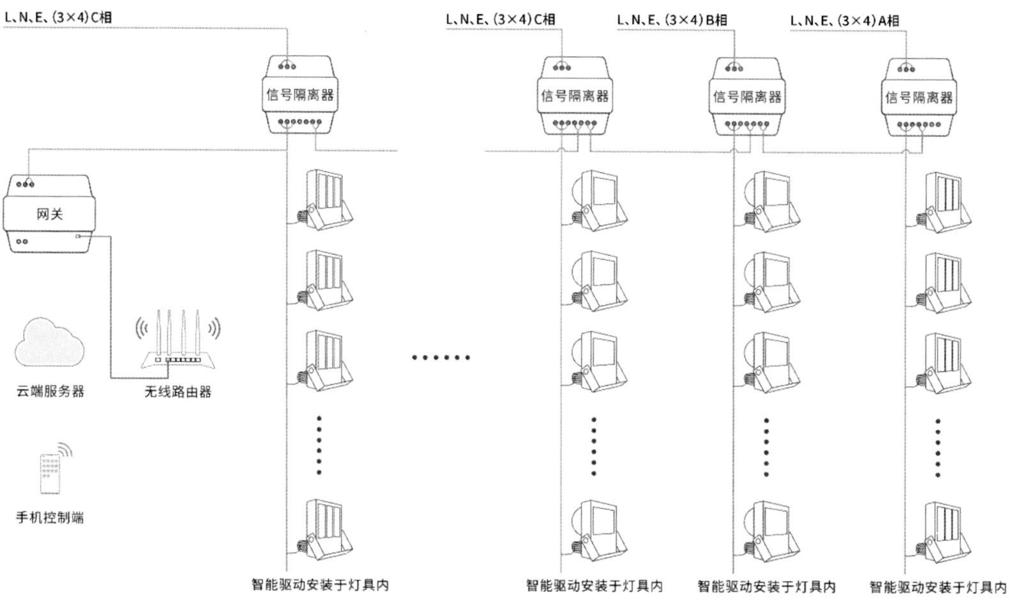

图 3.3 单灯单控系统图（图片来源：永林）

②回路控制：智能开关面板带有 PLC 芯片，对普通灯具回路集中进行开关或调光控制，可实现照明控制器与灯具之间低成本的传输照明和控制数据（亮度、色温、场景、开关等）。此类 PLC 照明系统分为三层：室内灯具设备利用原有供电线路与墙面开关连接，不需重新布线；墙面开关、遥控器、无线开关、传感器、能源管理模块等与智能照明控制器连接；智能照明控制器将数据上传到云端。具体的系统控制原理为手机（平板、电脑）打开网络页面，通过互联网或局域网向智能照明控制器下达指令，智能照明控制器将指令发送给智能开关，灯具中的解码器接收到指令解析并做出动作（图 3.4、图 3.5）。

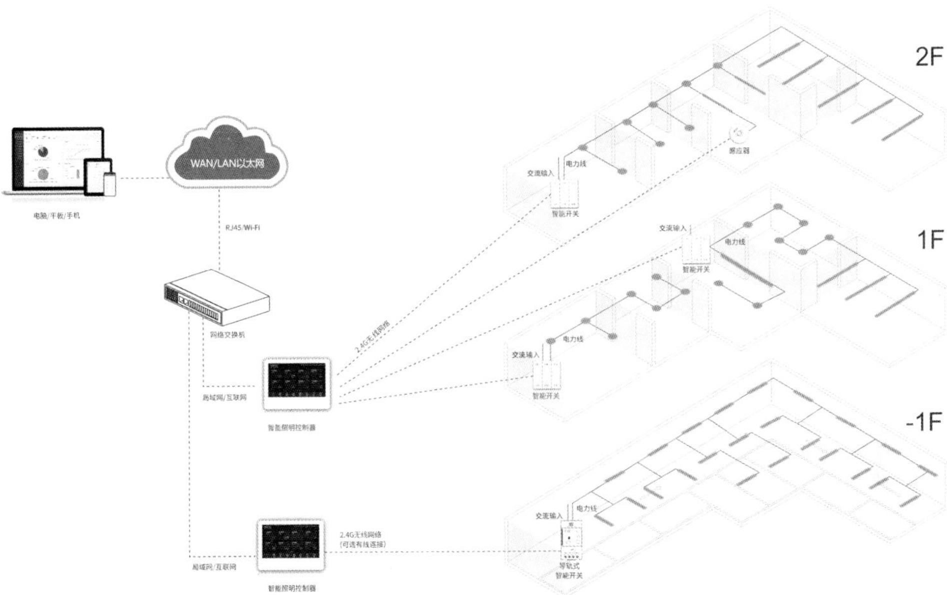

图 3.4　回路控制系统拓扑图（图片来源：恒亦明）

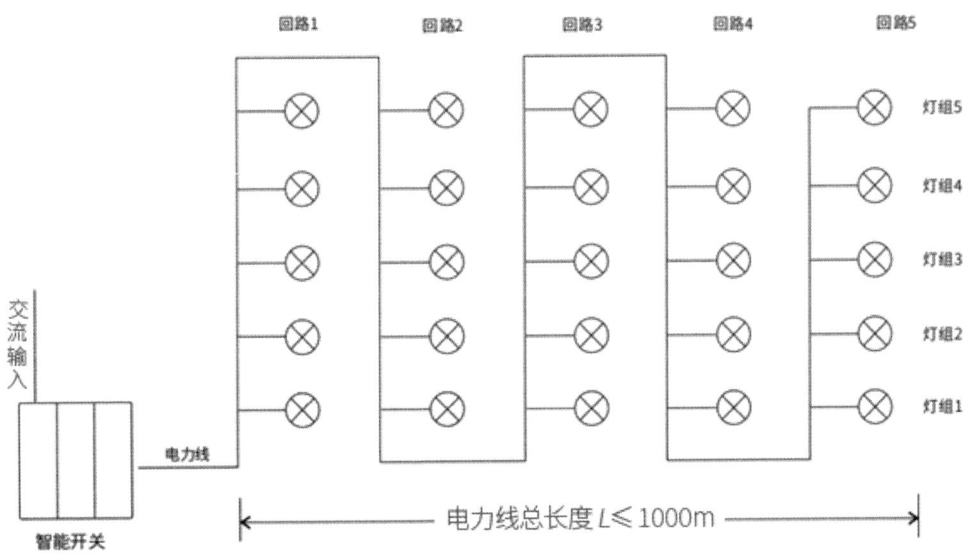

图 3.5　回路控制灯具布置图（图片来源：恒亦明）

二、PLC 在公共类场景的实施与调试

（一）PLC 系统电气设计方法

① 信号隔离：控制负载线前端要加隔离器，按照负载数选择 10 A 或 16 A 的隔离器。

② 控制点数：一条电力线最多可以搭载 1 个主控面板、50 个智能控制面板及传感器、20 个窗帘模块、180 个照明控制通道。

③ 压降要求：电压在 220 V 时，最低的通信电压为 200 V，请保障回路末端电压不低于 200 V。

④ 距离要求：建议单线路长度不超过 150 m。

⑤ 线材要求：采用符合 CCC 认证的线材。

（二）PLC 布线安装要求

按照建筑电气设计规范布线，设备与驱动不可热插拔，在 PLC 回路线上不可加入非 PLC 设备，不同 PLC 网络避免同管布线，不能避免同管布线时要开启白名单功能。

PLC 布线如图 3.6 所示。

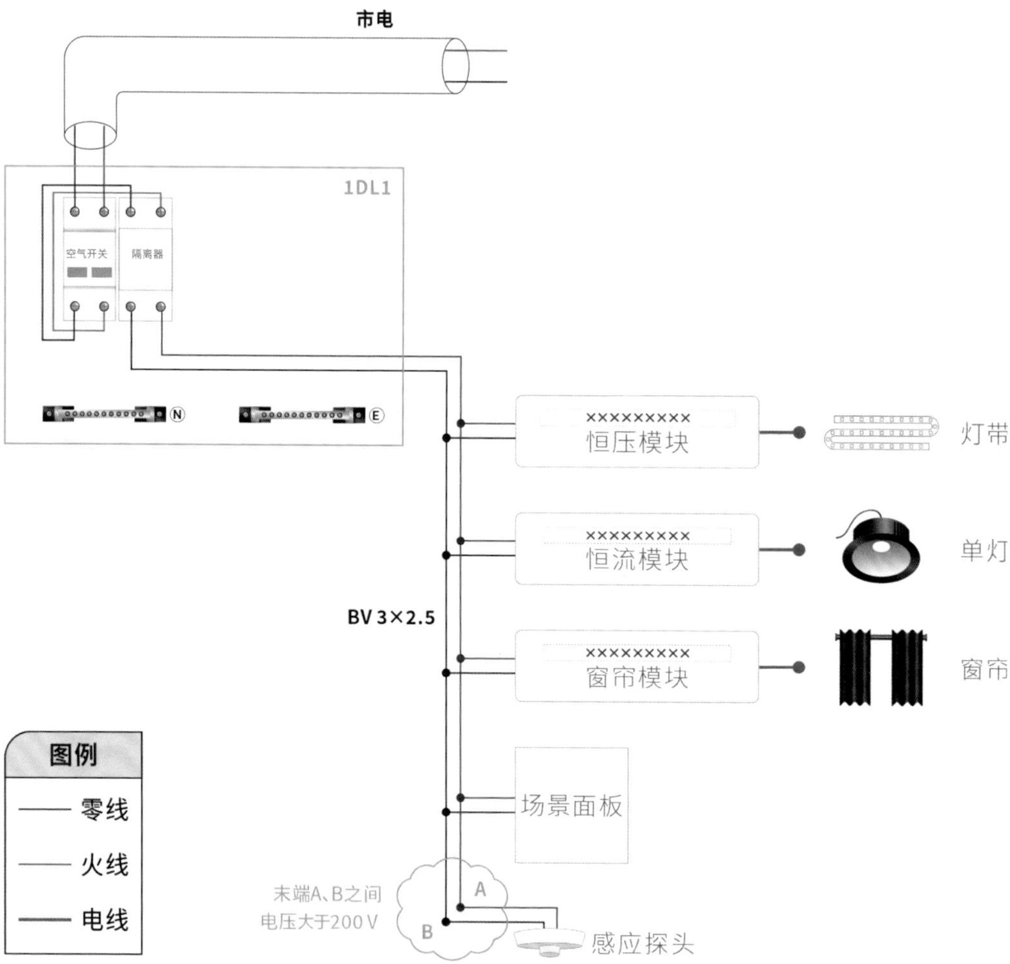

图 3.6　PLC 布线图（图片来源：永林）

（三）多个系统并行时的注意事项

当一个项目有多个系统（即多个 PLC 网络），调试时必须依次将每一个 PLC 系统上电，待 PLC 组网完成，开启白名单。

例如，一个项目中需要使用 A、B、C、D 四套 PLC 系统，需要以下几个步骤。

第一步：调试期间必须将 A、B、C、D 四套 PLC 系统全部断电。

第二步：将 A 系统进行上电，等待 15 分钟。

第三步：打开 APP 连接系统搜索设备列表。

第四步：修改系统区域。

第五步：开启白名单功能。

第六步：系统调试，调试完成之后将 A 系统断电。分别将 B、C、D 系统进行上电，等待 15 分钟，并参照第三到六步操作。

第七步：待每个系统全部独立设置完成之后，统一上电。

调试注意事项及步骤如图 3.7 所示。

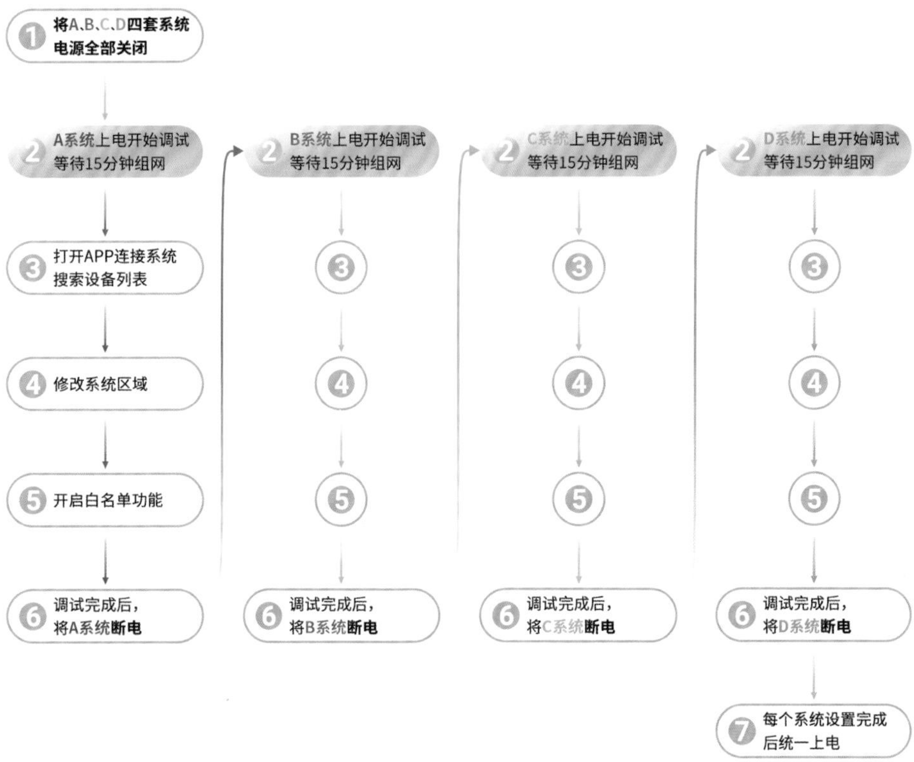

图 3.7　调试注意事项图（图片来源：永林）

三、案例解析

（一）高铁站

随着高铁的普及，高铁站已身兼地区“名片”的功能，对高铁站的要求在环境好、舒适便捷的基础上又提出了智能化、节能减排的新指标。高铁站作为大型交通枢纽，具有空间大、高窗墙壁、人员流动量大、能耗高等特点，这些特点汇集在一起，一定程度上增加了高铁站场内巡检的难度。同时在“双碳”目标背景下，对高铁站在智能化、减碳降污方面提出了更高的要求。

高铁站智能化照明的优势主要体现在公共活动区域。大厅可以实现自动照明，能根据自然因素来调节光线的明暗，还可以在光线比较好的时候关闭部分照明灯具，以此做到节能减排。针对高铁站本身具备人员流动性大、功能分区多等特点，设置分区、分时段自动按需照明；考虑光环境与视觉功效的因素，结合高铁站照明特点，调整不同区域的亮度和色温，为乘客及工作人员创造舒适的工作和候车环境。采用照明集中管理系统，根据功能进行灯光分区，使各时段、各区域的灯光根据系统设置自动调节亮度、色温、场景等，监控设备运行状态及能耗检测反馈选项，实施检测能耗情况。而且，各个区域的管理者在控制权限范围内可以通过电脑、手机、平板等终端轻松控制灯光，提升管理效率和智能化水平。

1. 设计依据

《铁路旅客车站建筑设计规范》（GB 50226—2007）、《建筑照明设计标准》（GB 50034—2013）、《铁路照明设计规范》（TB 10089—2015）、《铁路站房照明设计细则》及其他国家和铁路现行规范、标准及规定。

2. 智能照明设计

此项目基于C/S,B/S网络架构模式（图3.8），用户可根据自身具备的条件选择适合的网络通信方案，以电力线通信为基础，为高铁站不同空间的智能化需求（表3.1、表3.2）设立各自独立的子系统，还可实现统一的远程控制、监测灯具工作状态等（图3.9、图3.10），从而实现高效率、低成本的管控。项目具有易实施、免布通信线等特点，节省施工成本、材料成本，整体效益非常显著。

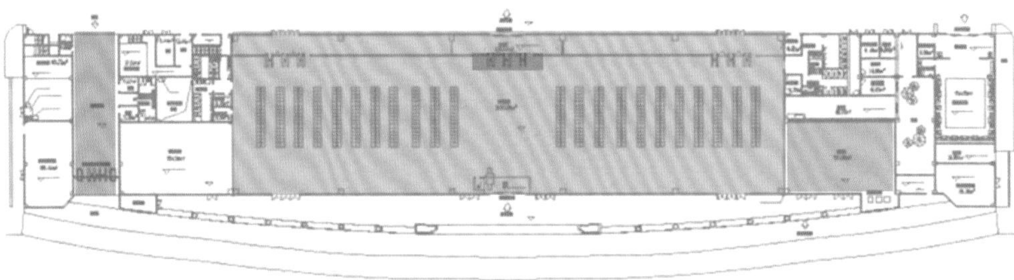

图3.8 高铁站建筑平面图（图片来源：华荣）

表3.1 空间照明要求

空间类型	照明功率密度（W/m^2）	照度（lx）	一般显色指数R_a	统一眩光值UGR	照度均匀度U_0
	标准值	标准值	标准值	标准值	标准值
候车厅	9	200	80	22	0.4
售票厅	9	200	80	22	0.4
出发大厅	9	200	80	22	0.4
进站厅	9	200	80	22	0.6

表3.2 部分照明设备清单

产品名称	功率（W）	色温（K）	一般显色指数R_a	安装区域
大功率LED筒灯	100	3 600	80	候车厅、售票厅、站台
LED筒灯	50	3 600	80	候车厅、售票厅、站台
嵌入式方顶灯	36	3 600	80	售票厅
LED筒灯	36	3 600	80	进出站通道
LED筒灯	15	3 600	80	进出站通道

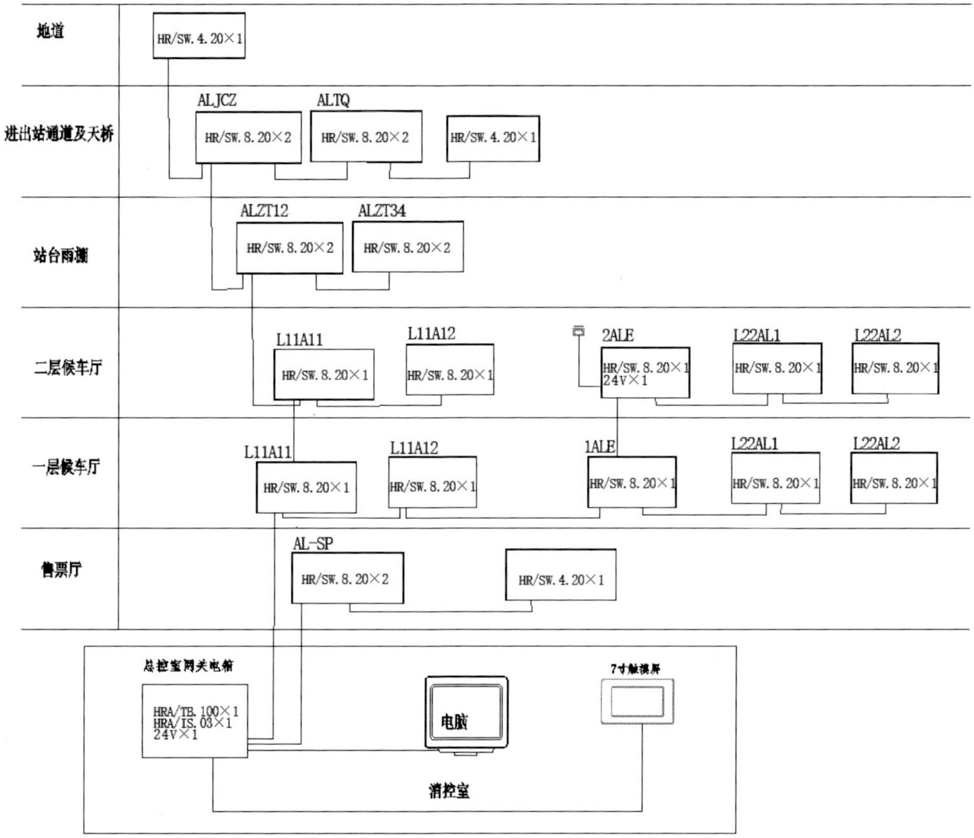

图 3.9　火车站智能照明控制系统拓扑图（图片来源：华荣）

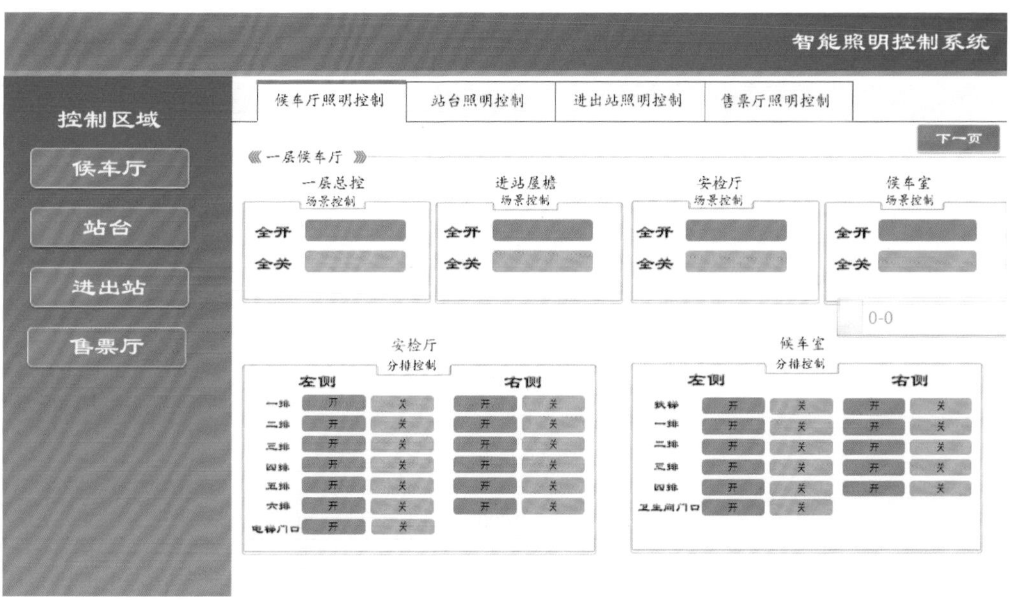

图 3.10　本地控制面板画面（图片来源：华荣）

智能平台有能耗分析功能，自动生成各种能耗报表、分析数据及分析图形，操作人员可以随时查阅相关数据，如各区域能耗数据，能耗数据对比分析，按年、月、日分析对比能耗数据，各区域详细能耗分析等（图 3.11）。

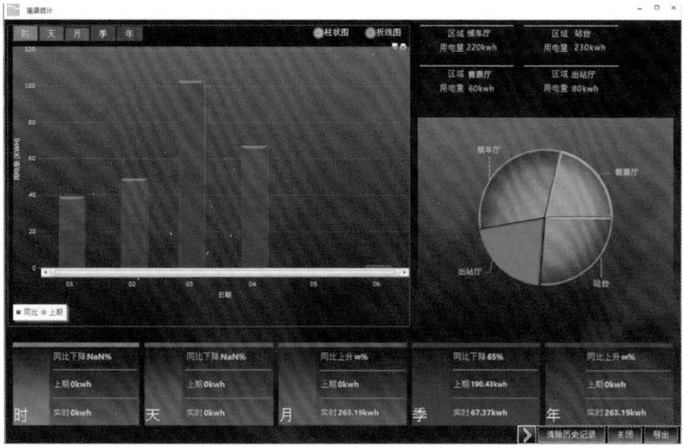

图 3.11 远程监控平台（图片来源：华荣）

3. 候车厅

候车厅是乘客进站后等待上车检票的地方，有普通候车厅、贵宾候车厅、母婴候车厅、军人候车厅等。此区域的特点是面积大，空间高（一般在 5 ~ 18 m），长时间有人且人员密集，人员流动性强，对照明依赖性高。

此区域灯具的安装，要考虑灯具外观与顶棚装饰和谐，使整个候车厅显得简洁大方，与现场的建筑整体风格相呼应。

候车厅智能灯具布置如图 3.12 所示。

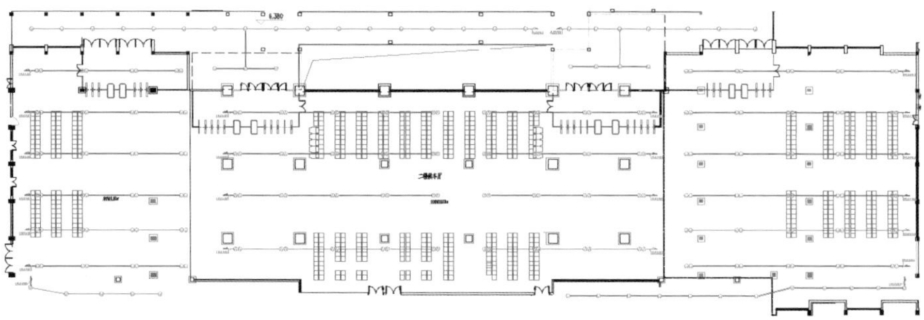

图 3.12 候车厅智能灯具布置图（图片来源：华荣）

（1）场景控制模式

① 全开模式：灯具全部打开，灯光调至 100% 亮度。适用于候车厅人员较多，人流密度大的情况。

② 节能模式：灯具根据现场实际情况，可以设计成多灯具不同亮度组合的照明方式。适用于候车厅人员较少、局部集中时。

③ 全关模式：无人员候车时段，灯具全部关闭。

候车厅智能场景模式如图 3.13 所示。

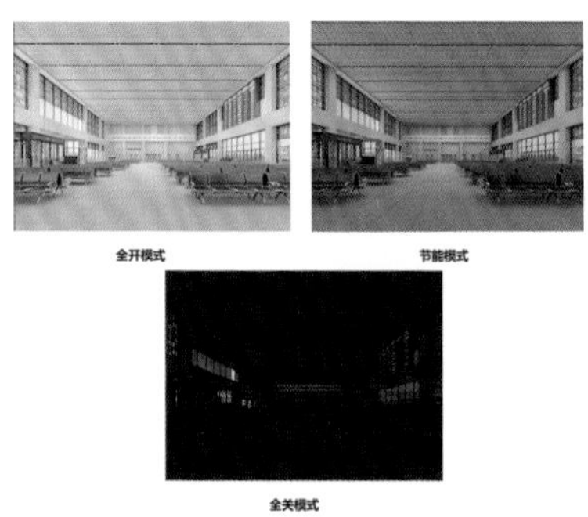

图 3.13 候车厅智能场景模式（图片来源：华荣）

（2）调光模式

候车厅的智能灯具，可以在 0 ~ 100% 中任意调节灯光亮度，也可以分区调节灯光亮度。如有特别需要，可以调节 1 个灯具或者某几个灯具的亮度。

（3）智慧光感模式

① 当室外光线变弱时，候车厅内灯光亮度自动调亮，让候车厅内始终保持恒定的照度。其自动调节功能，使灯光控制更便捷，也更智能。

② 当室外光线变强时，候车厅内灯光亮度自动降低，让候车厅内始终保持恒定的照度，以达到既让旅客感觉舒适，又节能的目的。

智能光感模式如图 3.14 所示。

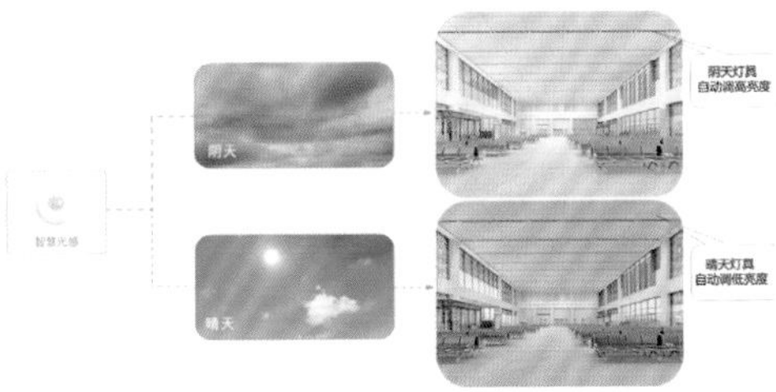

图 3.14　智慧光感模式（图片来源：华荣）

（4）自动定时控制

① 按照当地日出、日落的时间自动定时控制灯具的开、关。

② 按照日常使用情况预设程序控制灯具的开、关或各种控制模式，如节能模式、深夜模式等。

自动定时控制如图 3.15 所示。

图 3.15　自动定时控制图（图片来源：华荣）

（5）远端控制

拥有操作权限的高级用户可以登录网页对所有区域进行开关、亮度、色温、场景等控制。通过局域网或互联网，远程开展照明管理，后台查看目标区域灯具的状态，监控各区域的用电情况（图 3.16）。

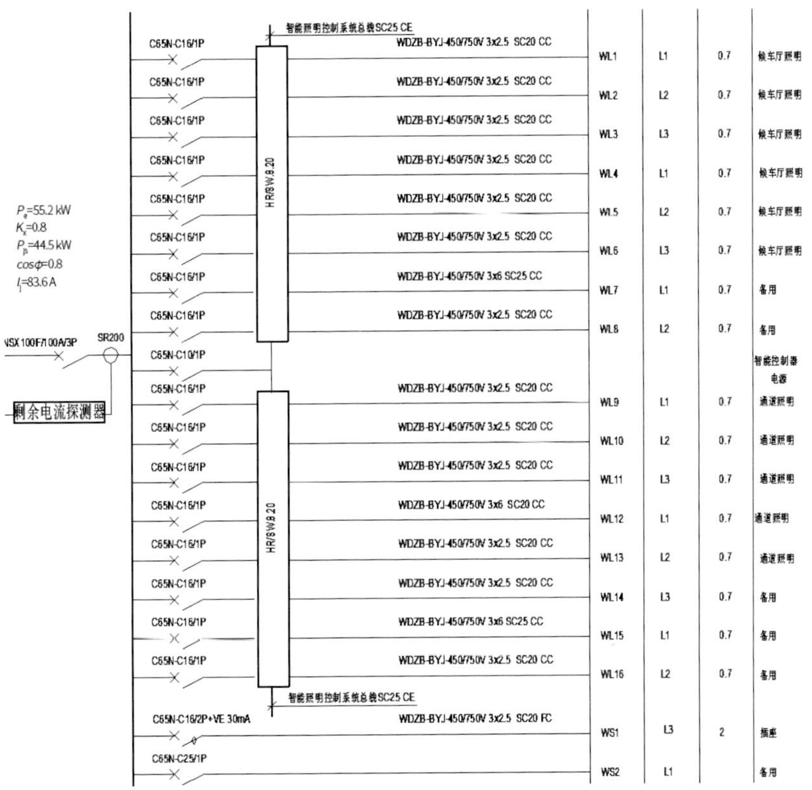

图 3.16　远端控制图（图片来源：华荣）

4. 售票厅

售票厅是乘客购买火车票的地方，一般有三个重点区域：进出门区域、人工售票口区域、自动售票机区域。售票厅的特点：面积大、空间高（一般在 5 ~ 10 m），长时间有人进出、排队，人员流动性强，对个别区域照明依赖性高（图 3.17）。

此区域装修简洁大方，安装灯具要考虑灯具外观适应整体装修风格，使整个候车厅显得协调美观，与现场的建筑整体风格协调。从管理的角度，实现分区、分组控制，且针对高铁站的人流特点和使用需求，设置白天、夜晚、深夜等照明场景，结合时序管理，灯光按设定的时间、亮度、色温自动运行，无须管理人员手动管理，减少人力投入。同时，出于对高铁站环境安全性的考虑，高铁站大厅、走廊、电梯间均需设置人感控制，在无人时自动调节为背景光状态。

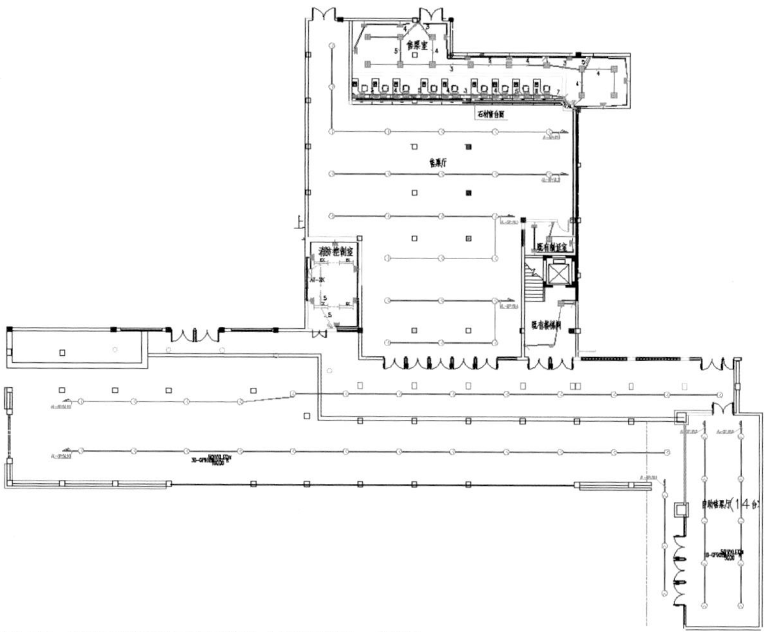

图 3.17　售票厅智能灯具布置图（图片来源：华荣）

（1）场景控制模式

① 全开模式：当购票旅客较多时，所有灯具开启。

② 节能模式：当购票人员较少时，可以整体或分区域调低照度，智能调光灯具能做到现场整体照度调节，均匀度不变。传统的回路开关节能模式，会产生明暗间隔、均匀度差。

售票厅智能场景如图 3.18 所示。

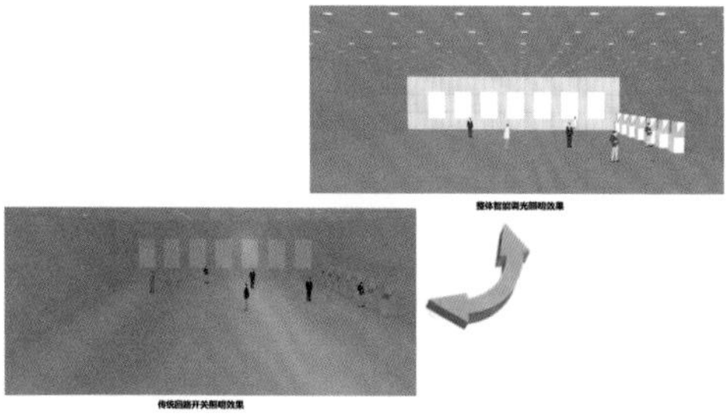

图 3.18　售票厅智能场景图（图片来源：华荣）

（2）分区控制模式

人工售票区域、自动售票机区域灯具按需组合，亮度自由调节。此项目采用 PLC 总线控制，不需要事先分区，可依照实际的空间使用状况随时做分区调整，无须更改现场的线路，只需要通过系统设置即可实现。传统的分区域控制，需要分区域单独布线，且施工完成后区域不可改变（图 3.19）。

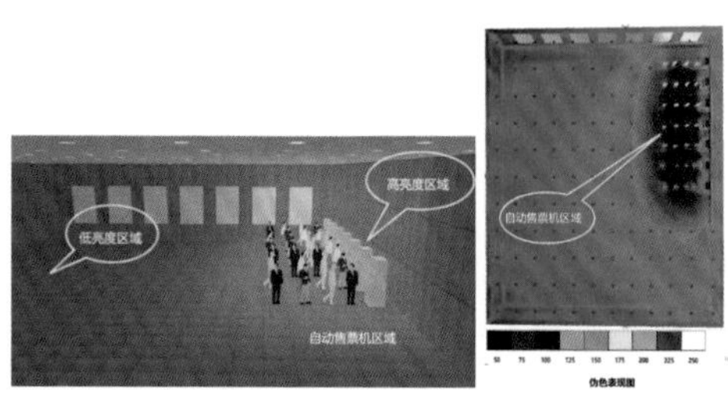

图 3.19　售票厅分区控制图（图片来源：华荣）

（3）智能感应控制模式

① 光感模式：根据外界光照环境自动调节灯具亮度，让售票厅始终保持标准的照度，节能的同时又可以保证必要的照明。

② 人感模式：当有人员进入售票厅时，智能灯具亮度自动调节，满足现场照度需求；无人购票时降低亮度或关闭灯具。推荐在无人售票机区域使用。

售票厅智能感应控制配电图如图3.20所示。

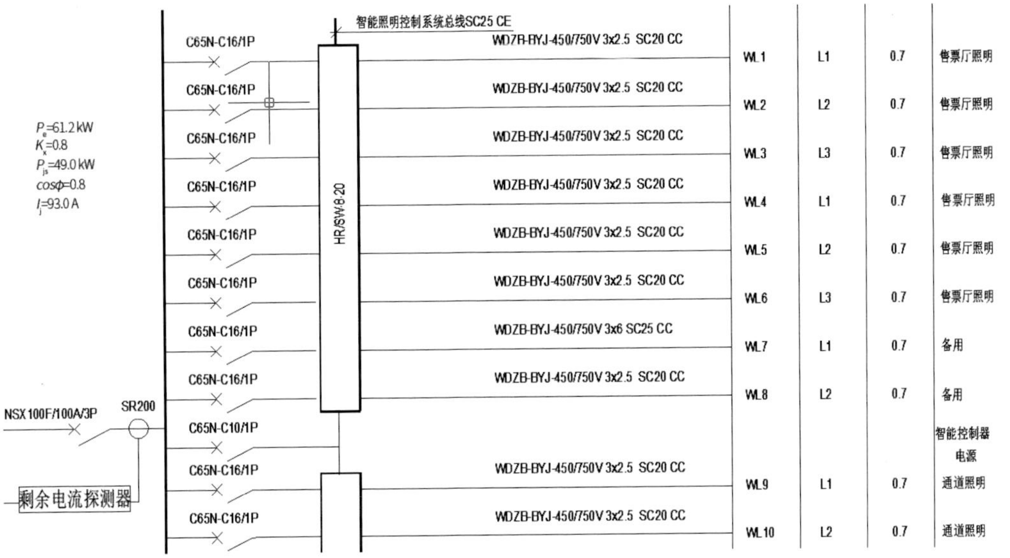

图 3.20 售票厅智能感应控制配电图（图片来源：华荣）

5. 站台、雨棚

高铁站站台是列车停靠和旅客上下车的区域，人流量大、密集度高。一般采用无柱雨棚式，大站站台高度大，常见高度 7 ~ 15 m，一般为顶部钢结构，一体空间宽阔的雨棚式设计。此区域装修简洁大方，安装灯具要考虑灯具外观适应整体设计风格，和雨棚与站台协调，与现场的建筑整体风格协调（图 3.21）。

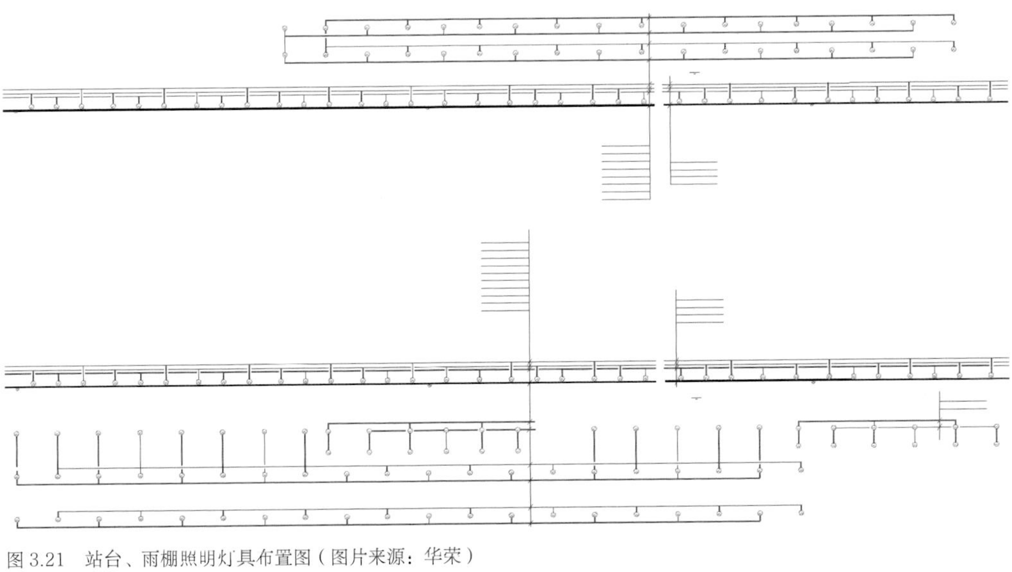

图 3.21 站台、雨棚照明灯具布置图（图片来源：华荣）

（1）调光场景模式

根据不同照度需求，可以做到所有站台或个别站台的灯具全亮，亮 80%、50%、30% 或其他亮度。通过调光，可实现整体照度调节，均匀度不变（图 3.22）。

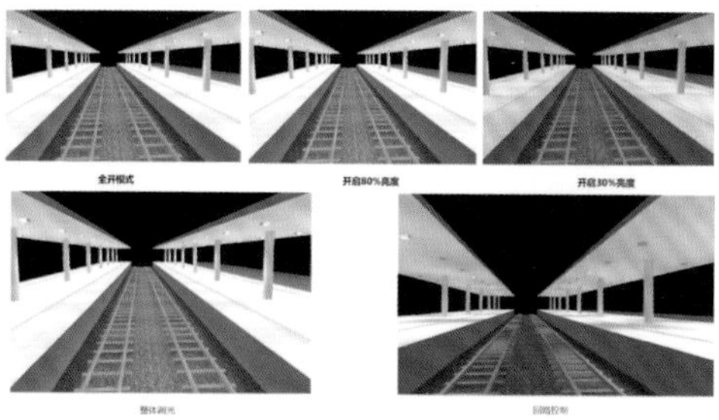

图 3.22 站台智能调光场景（图片来源：华荣）

（2）分区控制模式

当有列车停靠或有旅客上下车时，列车所停靠站台的所有灯具开启，其他站台保持安全照度或关闭（图 3.23）。

图 3.23 站台分区照明（图片来源：华荣）

（3）定时控制模式

根据列车时刻表，智能照明系统设定站台灯具自动开启、关闭相关时间（图 3.24）。列车晚点时，可由操作人员手动控制站台灯具的开启与关闭。

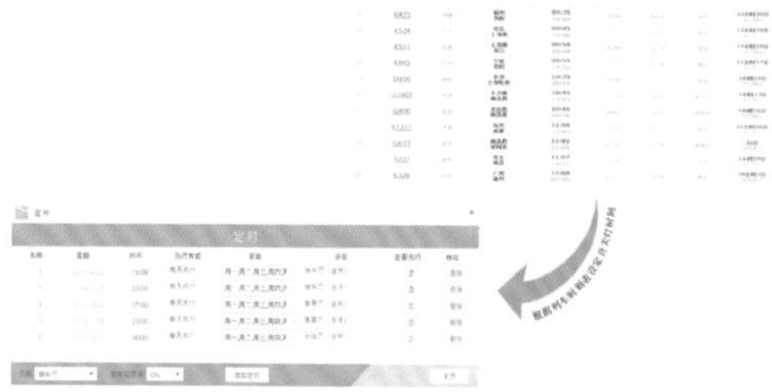

图 3.24 站台定时控制图（图片来源：华荣）

6. 进出站通道

有进站通道和出站通道，是相对封闭的环境，人员流动有时间短、流量大的特点，而且使用时间段和闲置时间段区分明显。这类空间常见高度在 3 ~ 5 m。很多出站通道设计在地下，因为有瞬间人流量暴增、短期通过的特点，为了让旅客快速通过，避免发生危险，进出站通道对照明的及时性、充足性有很高的要求，同时对照明也有很强的依赖性。这类区域灯具的安装，也要符合现场的实际情况。常见灯具安装方式为顶装、侧壁安装、灯带形式安装（图 3.25）。

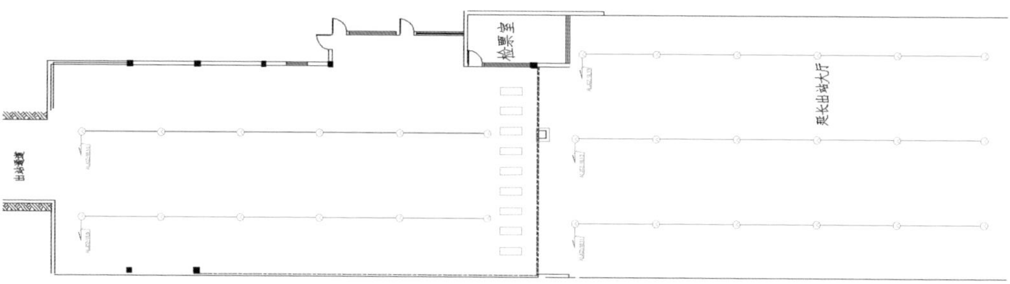

图 3.25 出站通道智能照明灯具布置图（图片来源：华荣）

（1）智能感应模式

根据人来灯亮、人走灯灭（或低亮度）的需求，智能感应灯具当有人通过时亮灯，无人通过时灭灯，无须人控制，自动运行。

（2）场景控制模式

① 全开模式：通道内灯具全开，适用于有大量旅客进入通道时。

② 节能模式：没有人员通过或偶尔有人经过时，保持安全照度。

③ 全关模式：当没有人通过时，可以设置自动关闭功能。

出站通道场景模式智能照明如图 3.26 所示。

图 3.26 出站通道不同场景模式智能照明（图片来源：华荣）

（二）博物馆

博物馆作为人类文化遗产和实物征集、典藏、陈列、研究的机构，与一般建筑相比，其照明应具有专业性和独特性。博物馆照明中的展厅照明作为博物馆陈展设计的重要元素之一，在设计中既要考虑保护展品又要有利于呈现展品的造型、纹理及色彩等特征（图 3.27）。

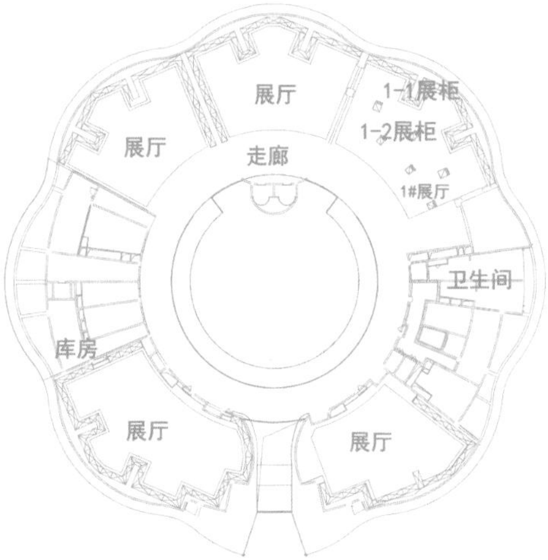

图 3.27　某博物馆二层平面图（图片来源：永林）

展厅照明可分为一般照明、局部照明和混合照明，需要综合考虑照度均匀度、眩光限制、光源的颜色、立体感及展品保护的要求。过去的博物馆中通常采用传统照明方式，仅依靠灯具功率、摆放的位置和照射的角度呈现展品，未对灯光的控制做精细化的管理。且展馆内照明因为光衰和疏于管理，经常有亮度不均匀的状况，展品呈现效果差。因此，在提供丰富展品的同时，给观众创造良好舒适的参观光环境，是博物馆室内灯光设计的一大要点。好的灯光加合理的照明设计，不仅使陈列形象直观、生动、丰富，更可获得较好地参观与教育效果。高质量的博物馆照明是对博物馆展品色彩、形态、材质和故事全面的艺术表达。而通过不同的亮度对比、明暗搭配、光影组合，折射出文物富有立体感的艺术效果，利用灯光赋予文物生命，让展陈物品活起来。创造呈现效果好、舒适的展陈光环境。

博物馆空间照明要求见表 3.3。

表3.3　博物馆空间照明要求

空间类型	照度要求	功率密度
卫生间	75 lx	3 W/m^2
走廊	100 lx	3.5 W/m^2
库房	100 lx	3.5 W/m^2
展厅	200 lx	6.5 W/m^2
展柜	小于或等于300 lx	—

1. 设计依据

《民用建筑电气设计规范》（JGJ 16—2008）、《建筑照明设计标准》（GB 50034—2013）、《供配电系统设计规范》（GB 50052—2009）、《展览建筑设计规范》（JGJ 218—2010）、《博物馆照明设计规范》（GB/T23863—2009）、《绿色照明检测及评价标准》（GB/T 51268—2017）、《LED 室内照明应用技术要求》（GB/T 31831—2015）及其他国家和地方现行设计规范与标准。

2. 展柜

博物馆的展柜是陈列展品的最基本设备之一，同时也是最后一道保护展品的安全防线，应注重防止微生物侵蚀及相对湿度、空气污染、光与热等对展品的伤害。

每个展品对于光照的强弱、光照时间都有明确的要求，以确保展品在展出期间损伤程度减至最小，因此展柜内的照明尤为重要。

3. 智能照明设计

照明设计综合考虑展品的类型和陈列效果，并结合《博物馆照明设计规范》中各类展品照明的照度标准，选用 T5 日光灯作为展柜内的基础照明，变焦展柜射灯用作重点照明，展柜洗墙灯采用多种不同作用的照明类型的组合达到展柜内照明的效果；另外展柜的柜门通过智能设备控制电动机开启和关闭柜门（表 3.4）。

表3.4　部分照明设备清单

性能指标	T5日光灯规格	变焦展柜射灯	展柜洗墙灯
功率	20 W	3 W	8 W

续表3.4

性能指标	T5日光灯规格	变焦展柜射灯	展柜洗墙灯
光束角	—	6°～40°	48°～80°
色温	CCT 3300 K	CCT 4 000 K ± 125 K	CCT 4 000 K ± 125 K
光源显色指数	R_a≥80	R_a≥95、R_9≥75	R_a≥95，R_9≥80
角度调节	—	灯头水平360° 、垂直22° 调节	不可调

展厅由1组沿墙通柜和6个独立柜组合而成。其中沿墙通柜内设有58盏T5日光灯、125盏变焦展柜射灯和53盏展柜洗墙灯，每个独立柜内设有7盏T5日光灯、8盏变焦展柜射灯，总共326盏灯具（图3.28）。

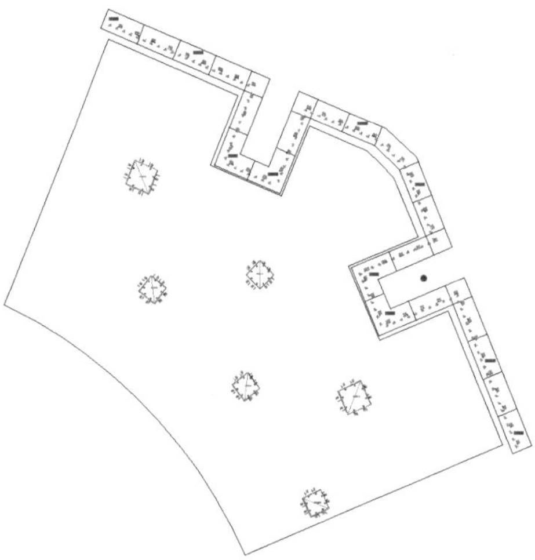

图3.28 展柜内布灯图（图片来源：永林）

图3.29 通柜智能照明实景（图片来源：永林）

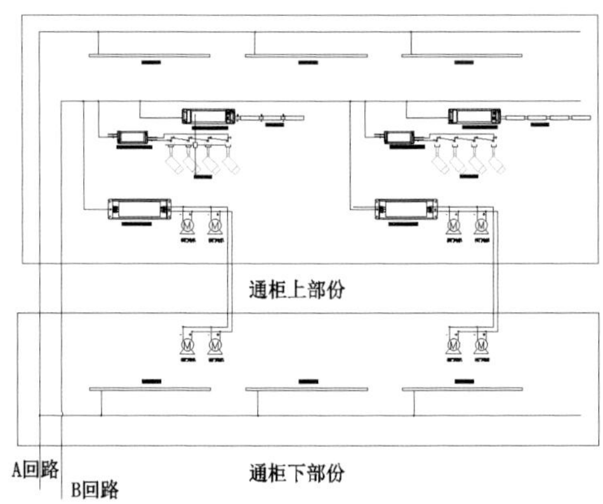

图3.30 沿墙通柜配电图（图片来源：永林）

4. 照明控制策略

展厅的主题和陈列的展品各不相同，但每个展柜内的展品类别基本一致，展柜内的照度要求有所差异，通过定制化智能灯具的各种场景实现不同运营模式下展柜内的照度需求。

（1）沿墙通柜场景模式

① 布展模式：电动柜门平移开启，灯具全部调至100%亮度。

② 展览模式：T5日光灯全部打开，展柜洗墙灯全部打开，变焦展柜射灯全部调至80%亮度。

③ 闭馆模式：灯具全部关闭。

④ 清洁模式：展柜外侧T5日光灯全部打开，其他灯具全部关闭。

⑤ 检修模式：T5日光灯全部打开，展柜洗墙灯及变焦展柜射灯全部关闭。

沿墙通柜场景模式及配电图如图3.29、图3.30所示。

（2）独立柜场景模式

① 布展模式：电动柜门推开，灯具全部打开，灯光调至100%亮度。

② 展览模式：T5日光灯全部打开，变焦展柜射灯全部调至90%亮度。

③ 闭馆模式：灯具全部关闭。

④ 清洁模式：展柜外围T5日光灯开启，其他灯具全部关闭。

⑤ 检修模式：T5日光灯全部打开，变焦展柜射灯全部关闭。

独立柜场景模式及配电图如图3.31、图3.32所示。

图 3.31　独立柜智能照明实景（图片来源：永林）

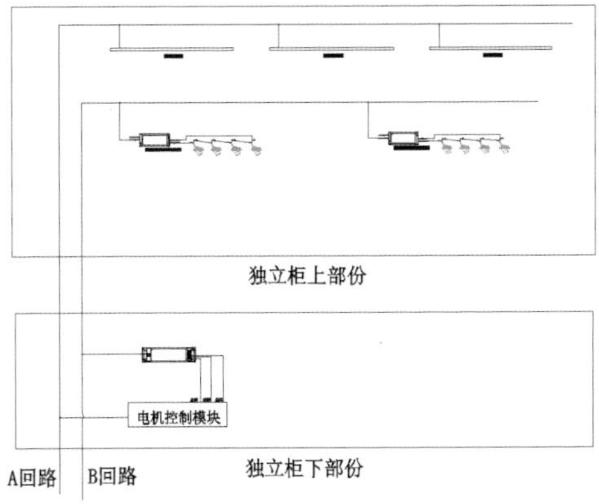

图 3.32　独立柜配电图（图片来源：永林）

图 3.33 为展柜配电箱拓扑图。

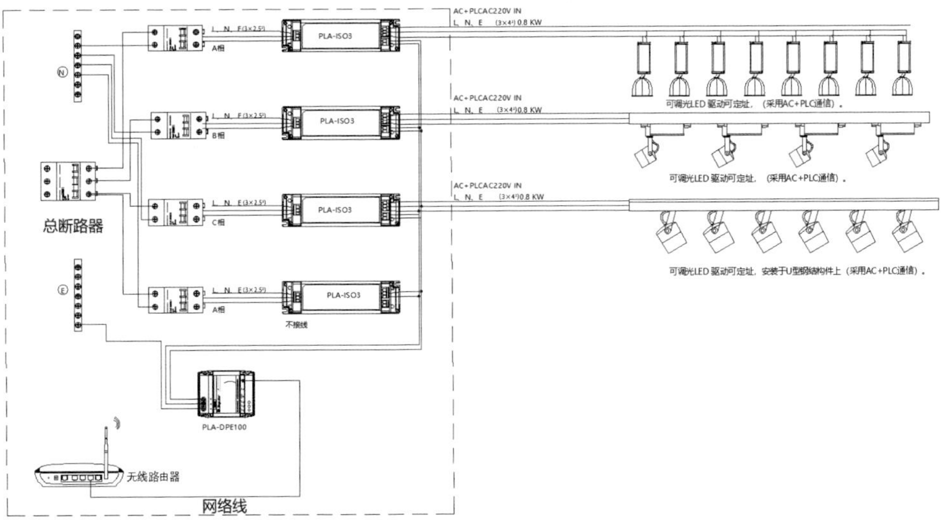

图 3.33　展柜配电箱拓扑图（图片来源：永林）

（三）变电站

变电站是指电力系统中对电压和电流进行变换，接受电能及分配电能的场所。变电站的主要作用是变换电压，还有集中和分配电能、控制电能的流向及调整电压的作用。照明系统是变电站的重要组成部分，良好的照明设计，可以为运行和检修人员创造舒适、合理的视觉环境，提高运行、维护的工作效率，保证电网安全、稳定、可靠运行。

1. 设计依据

《建筑物电气装置》（GB 16895.21—2011）、《发电厂和变电站照明设计技术规定》（DL/T 5390—2014）、《建筑照明设计标准》（GB 50034—2013）及其他国家和行业现行规范、标准及规定。

2. 智能照明设计

变电站空间分布及智能照明设计见图 3.34、表 3.5、表 3.6。

图 3.34　变电站空间分布（图片来源：华荣）

表3.5　空间照明要求

空间类型	照度要求
主控室	500 lx
开关场	100 lx
高低压配电间	200 lx
阀厅	200 lx
电缆夹层	30 lx

表3.6　部分照明设备清单

产品名称	功率（W）	色温（K）	一般显色指数R_a	安装区域
LED平板灯	50	3 600	80	主控室
投光灯	200	3 600	80	开关场
泛光灯	80	3 600	80	阀厅
泛光灯	50	3 600	80	高低压配电间
防爆灯	20	3 600	80	电缆夹层

3. 主控室

主控室又称中央控制室，将变电站一次设备、二次设备的各控制、保护功能集中在主控室的各个计算机内，通过计算机的数据完成对设备控制、保护、测量、操作和电力调配等任务。照明的特点是照度要求高、值班人员定期巡检作业、巡检机器人按时巡检（图 3.35）。

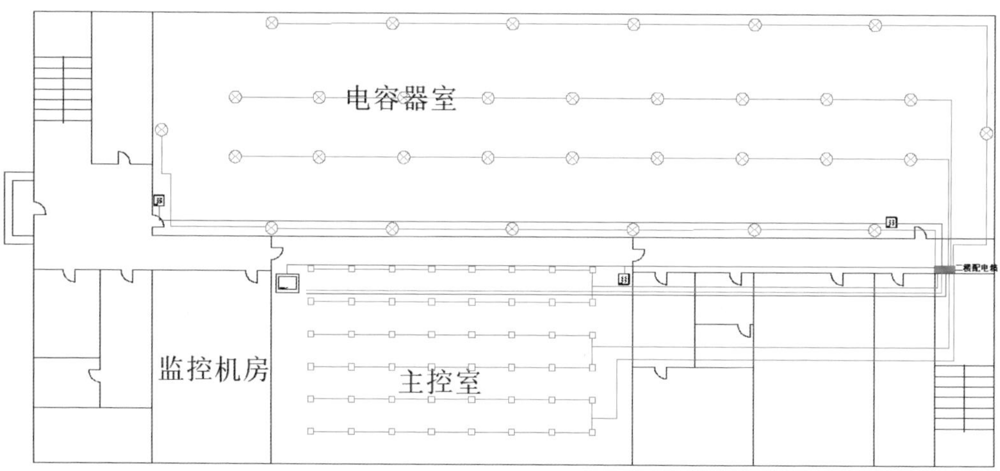

图 3.35　主控室灯具布置图（图片来源：华荣）

（1）场景控制模式

主控室选用智能照明灯具，可以设计定制化的场景模式（图 3.36）。

① 全开模式：灯具全部打开，灯光调至100% 亮度。

② 节能模式：灯具根据现场实际情况，可以设计成多灯具不同亮度组合的照明方式。

③ 全关模式：灯具全部关闭。

图 3.36　主控室智能场景（图片来源：华荣）

（2）调光模式

智能灯具可以单灯 0 ~ 100% 任意调节灯光亮度，也可以分区调节灯光亮度。

（3）回路控制

智能灯具每个电气回路进行独立控制。

（4）智能感应控制模式

当感应器检测到有人进入时，主控室灯具自动打开；当工作人员离开后，主控室灯具自动关闭或保持安全照度；实现人来灯亮，人走灯灭的节能效果（图 3.37）。

图 3.37　智能感应控制模式（图片来源：华荣）

（5）智能联动控制

当智能巡检机器人等智能设备运行时，灯具按预设联动模式自动开灯、关灯或调光，配合巡检需求亮灯，避免机器人巡检时，由于照度不足引起的数据采集不清晰的问题（图 3.38）。

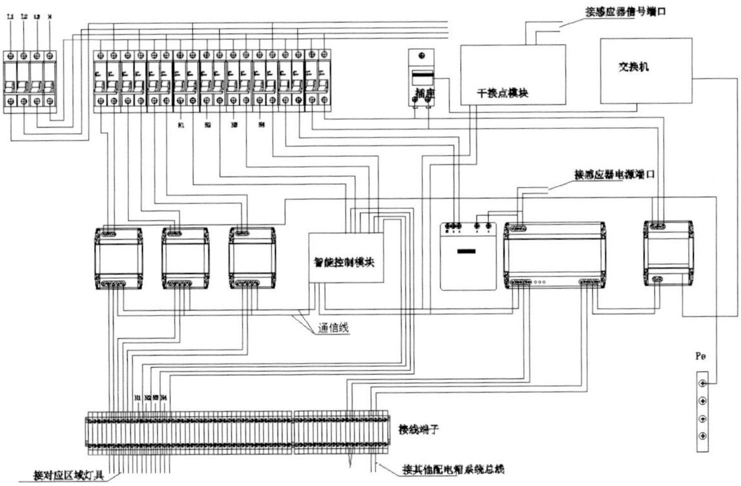

图 3.38　主控室配电图（图片来源：华荣）

4. 高低压配电间

高低压配电间主要是控制各电源设备的开关，利用通断控制，安全防护各用电设备。区域的特点是照度要求高、值班人员定期巡检、巡检机器人按时巡检（图 3.39 ~ 图 3.41）。

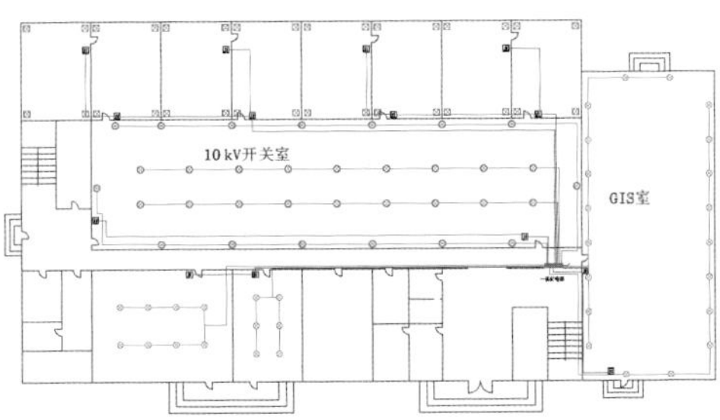

图 3.39　高低压配电间智能灯具布置图（图片来源：华荣）

图 3.40　高低压配电间智能照明（图片来源：华荣）

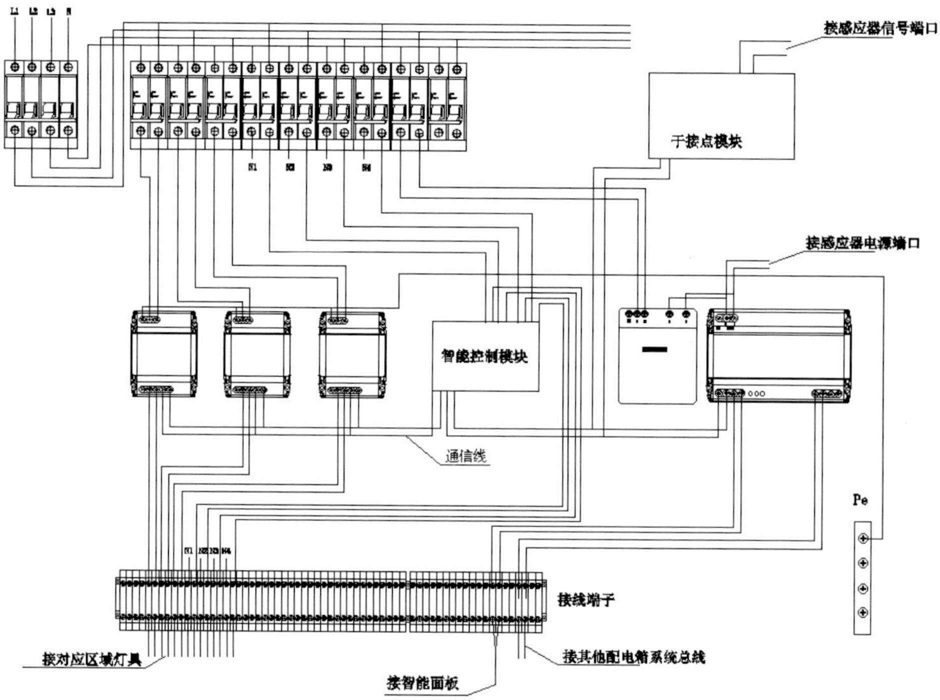

图 3.41　高低压配电间配电图（图片来源：华荣）

（1）场景控制模式

高低压配电间均选用智能照明灯具，可以设计定制化的控制场景模式。

① 全开模式：灯具全部打开，灯光调至100% 亮度。

② 节能模式：当有窗高低压配电间白天光线非常好时，调低照度或关灯，智能调光灯具做到现场整体照度调节，均匀度不变。

③ 全关模式：灯具全部关闭。

（2）调光模式

智能灯具，可以 0 ~ 100% 任意调节灯光亮度，也可以分区调节灯光亮度，如有特别需要，可以调节一个灯具或者某几个灯具的亮度。

（3）智能联动控制

当智能巡检机器人等智能设备运行时，灯具按预设联动模式自动开灯、关灯或调光。

5. 阀厅

阀厅主要用于布置换流阀及有关设备，是换流站建筑物的核心。阀厅通常使用钢结构，内部必须保持恒定温度、湿度和空气洁净。区域的特点是空间高、照度要求高、检修时才能进入（图 3.42）。

图 3.42　阀厅智能照明（图片来源：华荣）

（1）智能控制模式

阀厅智能控制模式，设计成调光控制和场景控制，可通过智能面板一键切换不同场景模式或者手动调节灯具亮度。

（2）智能监控设备监控

阀厅有智能监控设备全天候监控，房间内灯具保持全天候亮灯。可将重点监控区域亮度调至最亮，其他区域亮度降低。

6. 电缆夹层

变电站的电缆夹层，是供敷设进入控制室和电子设备间内仪表、控制装置、保护柜、通信柜、开关柜等电缆的结构层。区域的特点是照度要求不高、值班人员进入巡检较少、部分电缆夹层有摄像机监控（图 3.43）。

（1）智能控制模式

电缆夹层智能控制模式设计成分区域智能回路控制模式，智能感应控制。当有人进入时，房间内灯具全亮；人员离开时，灯具自动熄灭。

（2）智能监控设备监控

① 当电缆间有智能监控设备全天候监控时，房间内灯具保持全天候亮灯。

② 当电缆间有智能监控设备分时段监控时，房间内灯具可以和智能监控设备联动，按需亮灯。

图 3.43 电缆夹层智能照明（图片来源：华荣）

（四）办公室

绿色照明和健康照明是照明技术发展的趋势，也是办公照明的总体需求，智能化技术则是保障光环境的必要技术手段。随着现代照明技术的发展及人类生活品质的提升，办公照明也由简单的“照亮”提升到科学化、艺术化、人性化的新层次（图 3.44）。

图 3.44 办公室照明实景（图片来源：恒亦明）

1. 光环境需求

图 3.44 办公项目照明改造前，现场灯具采用传统的荧光灯和普通的节能灯，通过普通的翘板开关实现灯光的开关，项目整体的照明设施及管理现状较为落后，且经多年使用，照明设施陈旧，光环境不佳，亟待改造。

在光环境方面，优质且人性化的光环境可以营造良好的工作氛围，提升工作效率，塑造良好的管理形象。本项目兼顾人的视觉感知，通过亮度、色温、场景的调节，结合区域管理、时序管理等来提升项目的光环境。

在控制管理方面，本项目建筑面积大，光源数量多，功能区域复杂，所以对照明系统管理的需求显得尤为重要。如走廊等公共区域，通过移动感测器和红外感测器，实现灯光的按需控制；根据功能进行灯光分区，使各时段、各区域的灯光根据系统设置自动调节亮度、色温、场景等，监控设备运行状态及能耗检测反馈选项，实时检测能耗情况。而且，各个区域用户在控制权限范围内可以方便地通过电脑、手机、平板等终端轻松控制和管理灯光。

在经济效益方面，项目设计目标为绿色建筑智能照明典范，高品质、高智能、低二氧化碳排放。项目需要兼顾经济性，因此本项目实施及运营需要考虑投资回报周期及运维经济效益。

2. 设计依据

《建筑照明设计标准》（GB 50034—2013）、《绿色照明检测及评价标准》（GB/T 51268—2017）、《室内照明应用技术要求》（GB/T 31831—2015）及《供配电系统设计规范》（GB 50052—2009）。

3. 智能照明设计

针对变电站办公的人流特点和使用需求，设置了不同的照明运行策略。针对公共区域，工作日采用时序控制，实现色温和光通量的动态调节，同时，该区域还设置了人感控制，在无人时延时关灯。

办公区域中会议室采用场景控制，所有灯具可实现软编组，可随时调整控制场景，实现各类照明模式的需求。办公室设定了两种控制模式，一种是基于健康照明的动态光环境自动运行模式，结合人员工作习惯和健康照明的需求，实现光色的动态调节。另一种方式是人感及光感的节能控制策略，依据天然光及人员在室的情况，通过延时关灯及调光，实现节能运行的目标。

针对不同空间，利用 DIALux 软件进行了模拟分析，结果见表 3.7 和表 3.8。

表3.7 空间照明要求

空间类型	照明功率密度（W/m^2）		照度（lx）		一般显色指数R_a		统一眩光值 UGR		照度均匀度U_0	
	标准值	设计值	标准值	设计值	标准值	设计值	标准值	设计值	标准值	设计值
中厅	10	8	500	511	80	>80	19	<19	0.6	>0.6
会议室	8	8	300	429	80	>80	19	<19	0.6	>0.6
走廊	3.5	3.25	150	272	80	>80	25	<25	0.6	>0.6
办公室	13.5	8.5	500	543	80	>80	19	<19	0.6	>0.6
卫生间	5.0	4.25	150	210	80	>80	25	<25	0.6	>0.6

表3.8 部分照明设备清单

产品名称	功率（W）	色温（K）	一般显色指数R_a	安装空间
调光、调色温筒灯	11	2 700 ~ 5 700	80	走廊、会议室
	5	2 700 ~ 5 700	80	中厅
调光、调色温射灯	3	2 700 ~ 5 700	80	中厅
调光、调色温灯管	16	2 700 ~ 5 700	80	办公室
	8	2 700 ~ 5 700	80	会议室
	12	2 700 ~ 5 700	80	会议室
调光、调色温灯带	36	2 700 ~ 5 700	80	中厅、会议室
调光、调色温面板灯	20	2 700 ~ 5 700	80	会议室
	40	2 700 ~ 5 700	80	会议室
智能照明控制器	10	—	—	—
智能开关	1	—	—	—
灯具总数量	5 368			

4. 大厅

大厅作为呈现给来宾的第一道风景线，其格调和装修会为来宾带来首要印象。此区域的特点是面积大、空间高、对照明依赖性高。此区域灯具的安装，要考虑灯具外观与装饰风格统一，使整个大厅显得简洁大方并与现场建筑的整体风格相呼应。大厅选取调光、调色温灯带及调光、调色温筒灯作为主照明，结合灯光控制技术为来宾打造一个舒适且极具吸引力的光环境。

（1）亮度色温调节

大厅选用的智能灯具，可在 0 ~ 100% 的区间内调节灯光亮度以及在 2 700 ~ 5 700 K 的区间内调节色温。

（2）分组设置

可将大厅按功能划分为 Logo 区、大堂区、前台区、休息区，对各区域灯光进行单独控制，如休息区无人时，可关闭休息区灯光。

（3）场景控制模式

① 全开模式：灯具全部打开，灯光调至 100% 亮度。适用于阴雨天、上下班高峰期、人流密度大的情况。

② 节能模式：灯具根据现场实际情况，可以设计成多灯具不同亮度组合的照明方式。适用于外部自然光充足，人流量较少或局部集中时。

③ 夜间模式：灯具全部关闭或保留必要的背景光照明，节省能源。

（4）时序控制

① 按照当地日出、日落的时间自动定时控制灯具的开、关。

② 按照日常使用情况预设程序控制灯具的开、关或各种控制模式，如节能模式、夜间模式等。

5. 办公室

办公室作为工作与交流的场所，集合了办公与会客的功能，照明以功能性为主，结合空间装饰营造多种灯光效果。办公室工作区域选用调光、调色温面板灯与调光、调色温筒灯，会客区域选用调光、调色温灯带与调光、调色温筒灯（图 3.45、图 3.46）。

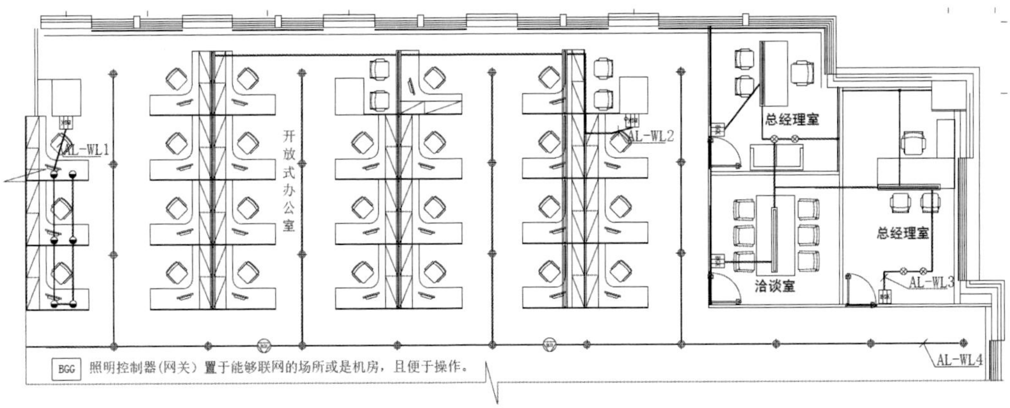

图 3.45 办公室灯具布置图（图片来源：恒亦明）

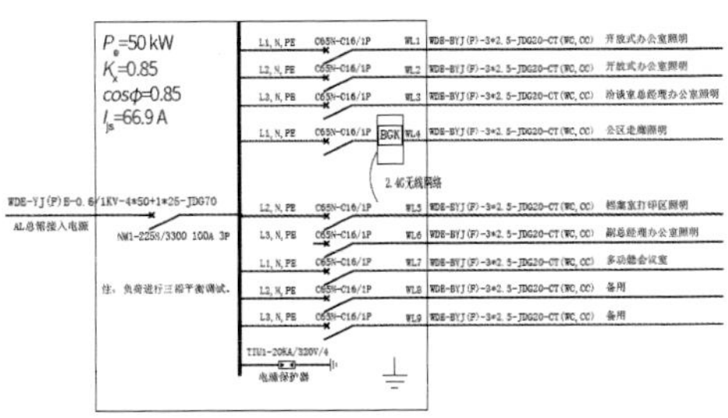

图 3.46 办公区域配电图（图片来源：恒亦明）

（1）亮度和色温调节

办公室选用的智能灯具，可在 0 ~ 100% 的区间内调节灯光亮度以及在 2 700 ~ 5 700 K 的区间内调节色温。

（2）分组设置

将办公室按功能划分为工作区域、会客区域，对各区域灯光进行单独控制，当会客区域无人时，灯光关闭。

（3）场景控制模式

① 工作模式：工作区域灯具全部打开，会客区域全部关闭。

② 休息模式：灯具全部关闭。

③ 冬天会客模式：工作区域、会客区域灯光均为暖色全亮。

④ 夏天会客模式：工作区域、会客区域灯光均为冷色全亮。

⑤ 下班模式：所有灯光关闭。

（4）时序控制

① 按照当地日出、日落的时间自动定时控制灯具的开、关。

② 按照日常使用情况预设程序控制灯具的开、关或各种控制模式，如工作模式、休息模式等。

6. 实施效果及经济效益

现场选取办公室、大厅进行了测试（表3.9～表3.11），灯具经过PLC智能照明系统改造后，光效及人眼感官舒适度大幅提升，照明节电率亦达到61%（表3.12）。光环境比改造前有显著提升，并兼顾了健康照明需求，系统控制灵活、操作简单方便，整体效果良好，得到了业主的高度评价。

表3.9 现场光环境测试结果

检验场所	检验项目	标准值	检验值
办公室	水平照度平均值E_{have}（lx）	≥500	502
	水平照度均匀度U_0	≥0.6	0.9
	色温（K）	—	4208
	一般显色指数R_a	≥80	84
	特殊显色指数R_9	＞0	16
	照明功率密度LPD（W/m^2）	≤15.0	5.2
大厅	水平照度平均值E_{have}（lx）	≥200	212
	水平照度均匀度U_0	≥0.6	0.9
	色温（K）	—	4050
	一般显色指数R_a	≥80	86
	照明功率密度LPD（W/m^2）	≤9.0	4.2

表3.10 办公室不同模式的光环境测试结果（一）

参数		模式1	模式4	模式7	模式5	模式2	模式6	模式3
光输出比（%）		100	100	100	80	60	30	20
输出功率（kW）		0.225	0.225	0.225	0.180	0.135	0.0675	0.045
使用时长（h）		2	2	2	1	0.5	2.5	0
作业面照度（lx）	平均值	615	610	604	475	356	193	127
	照度均匀度	0.7	0.8	0.8	0.8	0.8	0.87	0.8
垂直照度（lx）		287	—	—	—	—	—	—
亮度	面板灯	3 340	—	—	—	1 842	—	623
	墙面	120	—	—	—	73	—	26
	顶棚	64	—	—	—	39	—	15
亮度比（不含灯具）		1.9	—	—	—	1.9	—	1.7
相关色温（K）		5 394	5 132	4 637	4 642	4 289	3 451	2 939
一般显色指数R_a		82	83	84	84	84.3	86	83.3

表3.11 大厅不同模式的光环境测试结果（二）

参数		模式1	模式2	模式3	模式5	模式4
		迎宾	唤醒	上班	午休/夜晚	节能
光输出比（%）		100	70	50	20	30
功率输出比（%）		100	63	44	44	33
输出功率（kW）		2.7	1 7	1.2	1.2	0.9
使用时长（h）		7	1	1	2	2.5
照度（lx）	地面照度	332	228	170	63	104
	照度均匀度	0.6	0.8	0.8	0.8	0.8
亮度（cd/m^2）	筒灯	20 600	10 510	8 330	4	3 970
	顶棚	31	19	15	6	10
	柱子	48	34	23	9	15
	墙面（一）	59	32	24	8	14
	墙面（二）	26	16	14	7	8
最大亮度比		2.3	2.1	1.7	2.5	1.9
相关色温		5 645	4 273	3 922	3 616	4 371
一般显色指数R_a		82	84	84	86	84

表3.12 照明节电率测试结果

检测项目	办公室	会议室	大厅	走廊
安装功率（W）	63 238	6 902	1 944	8 680
节电率（%）	63.5	65.1	58	51.1
总节电率（%）	61.0%			

（五）酒店

酒店作为服务性质的公共场所，主要功能区有客房、宴会厅、会议厅、多功能厅、中餐厅、西餐厅、健身房、游泳馆等。酒店照明设计非常重要，好的照明设计能对酒店顾客的体验带来很大的帮助，也关系到酒店的营业收入。

宴会厅用来举办各类宴会、发布会、酒会、婚礼及商品展览等。其特点是面积大、净空高、标准高、装饰多、多功能、摆场多变、人员密集、灯具数量多，宴会厅采用多种可调光源，通过智能调光始终保存最柔和、最幽雅的灯光环境。

1. 设计依据

《建筑照明设计标准》（GB 50034—2013）、《供配电系统设计规范》（GB 50052—2009）及其他国家和地方现行规范、标准及规定。

2. 智能照明设计

酒店建筑平面及智能照明设计见图 3.47、表 3.13、表 3.14。

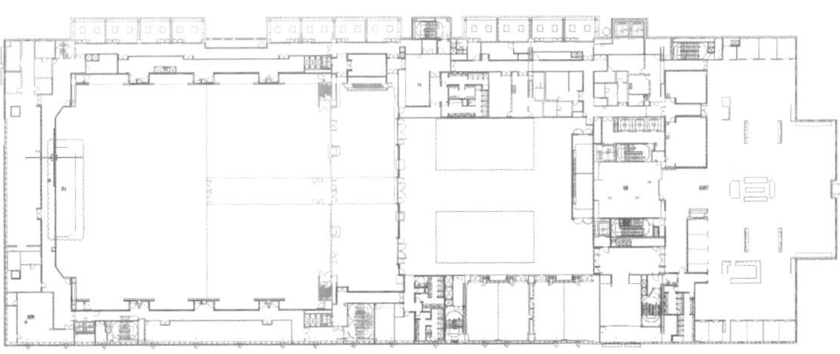

图 3.47 酒店建筑平面图（图片来源：永林）

表3.13　空间照明要求

区域	照度要求（lx）	色温（K）	一般显色指数R_a
宴会厅前厅	200	≤3 000	≥90
宴会厅	300	≤3 000	≥90

表3.14　部分照明设备清单

产品名称	功率（W）	色温（K）	一般显色指数R_a	安装区域
嵌入式可调角度下照灯	26	2 700	90	宴会厅、宴会厅前厅
	9	2 700	90	宴会厅
	9	3 000	90	宴会厅、宴会厅前厅
LED线性灯	3.9	2 700	90	宴会前厅
	18.2	2 700	90	宴会厅
	15.5	3 000	90	宴会厅
嵌入式可遥控下照灯	21	3 000	90	宴会厅、宴会厅前厅
线性投光灯	25	3 000	90	宴会厅
线性灯具	24	3 000	90	宴会厅
LED条形轮廓灯	13	3 000	90	宴会厅

3. 宴会厅

宴会厅照度相对较高，一般要求 300 lx。灵活调整灯光，既满足照度需求，又有优美的光线。显色性好，但不能有眩光。宴会厅的照明主要有基础照明、重点照明、装饰照明、氛围照明。

宴会厅使用可调角度的下照灯、LED 线性灯、投光灯、地埋灯、轨道灯、洗墙灯、追光灯、投影幻灯等多种灯具分布在天花、地板及墙面区域，利用环境照明及氛围照明效果营造空间的层次感（图 3.48、图 3.49）。

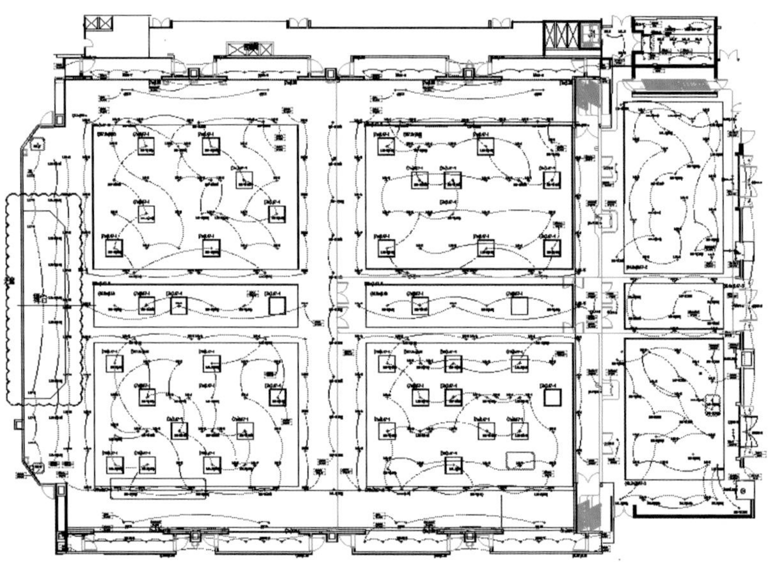

图 3.48　宴会厅智能灯具布置图（图片来源：永林）

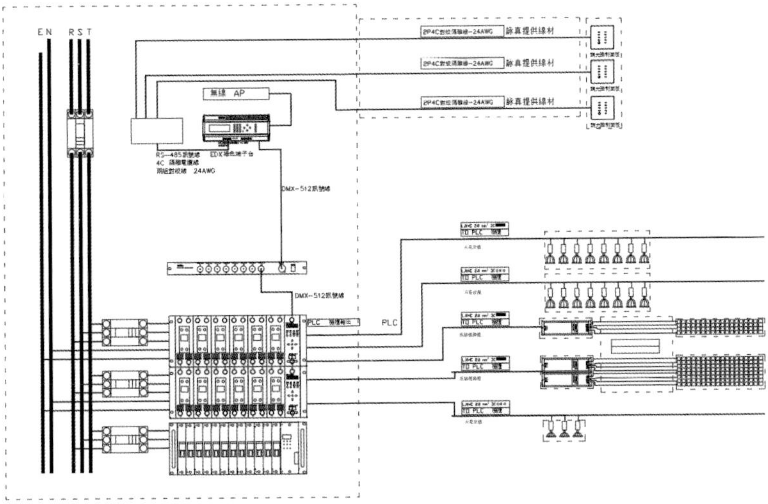

图 3.49 宴会厅配电图（图片来源：永林）

（1）场景控制模式

宴会厅预设多种灯光模式，以便随时根据不同宴会场合的灯光需求切换。如图 3.50 所示。

图 3.50 宴会厅智能场景（图片来源：永林）

① 进场模式：宴会开始之前，嘉宾陆续进入宴会厅，宴会厅过道灯光全部开启，座位区域重点照明打开，以满足宾客入座时的照明要求。

② 宴会模式：宴会开始之后，主持人上场讲话，舞台灯光开启，宴会厅主灯光熄灭，追光灯闪烁在大厅内，扫动幻彩的灯光在嘉宾眼前来回互动，唤醒嘉宾对宴会的期待，最后灯光焦点聚集在舞台中央。

③ 用餐模式：嘉宾用餐的时候舞台灯光关闭，座位区域照明打开，氛围灯切换到温馨的亮度，营造用餐气氛。

④ 投影模式：宴会主人通过投影仪分享信息时，舞台屏幕灯光开启，嘉宾区亮度调低，让嘉宾在舒适的光环境下观看投影信息内容。

⑤ 会议模式：会议准备者一键按下会议模式，会场的灯光、主席台或发言者面光等同时开启到预设的工作状态。

⑥ 活动模式：举办活动时气氛比较活跃，适合使用温馨的暖光。

⑦ 舞台模式：宴会表演的时候舞台灯光亮起，宴会厅的灯光调整到较低亮度，适合嘉宾观看舞台演出。

⑧ 清洁模式：宴会结束之后会场进行清洁，此时开启基础照明即可满足清洁需求。

⑨ 全开模式：宴会布置时灯光全部打开。

⑩ 全关模式：宴会结束所有人员离开宴会厅之后关闭现场所有灯光。

（2）调光模式

宴会厅现场可以在 0 ~ 100% 区间内任意调节灯光亮度，也可以分区或分回路调节灯光亮度。

（3）多媒体联动控制

灯光与声音、影像同步控制，音效响起时灯光须按音乐的节奏进行变化。

（4）感应联动控制

根据现场空间布局独立或统一控制的灯光效果。当系统检测到移动隔板被打开，此时任意区域的面板皆可控制合并区域的灯光效果。当系统检测到移动隔板被关闭，面板立即恢复分区独立控制。

4. 宴会厅前厅

宴会厅前厅是进入宴会厅前的一个过渡区域，可作为宴会开始前宾客的等待及交流区域，空间相对简单，照度要求在 200 lx 左右，提供基础及氛围灯光。

（1）场景控制模式

宴会厅前厅是接待嘉宾的场所，灯光要求相对宴会厅要简单很多。如图 3.51 所示。

图 3.51 宴会厅前厅智能场景（图片来源：永林）

① 白天模式：宴会厅白天举行活动时，由于嘉宾刚从户外明亮的光环境中进入室内，避免视觉反差过大带来不适，室内灯光会设计得比较亮。

② 夜晚模式：夜幕降临之后户外环境照度相对比较低，嘉宾此时由户外进入室内，光照一般设置得比较柔和。

③ 深夜模式：宴会活动进行到深夜之后，为了让嘉宾结束活动之后快速进入休息状态，灯光会设计得比较温馨。

④ 全开模式：宴会厅清洁时灯光全部打开。

⑤ 全关模式：宴会结束之后灯光全部关闭。

（2）调光模式

宴会厅前厅可根据当天活动的内容的灯光需求临时调整灯光亮度变亮或变暗，满足活动的个性化需求。

（六）医院

西安某国际医学中心医院，位于陕西省西安市，是一家按照美国国际联合委员会（JCI）国际认证标准和三级甲等医院标准建设的大型综合医院，主楼单体建筑面积超过 300 000 m^2，1 ~ 3 层为门诊，4 ~ 11 层为住院部，全系统采用 ZPLC 全调光、调色温光环境系统（图 3.52）。系统覆盖规模大，其中网关及控制设备超过 2 000 台，调光、调色温智能光源超过 30 000 盏。项目实施的光环境系统有助于大幅提升医院整体光环境品质，项目系统控制设备数量比传统总线系统方案减少 50%，弱电线缆、控制线缆、调光信号线比传统总线系统方案减少 90%，系统总体工程造价相比采用传统总线方案实现调光、调色温工程造价降低 30%。根据现行照明功率密度标准值测算，整个项目系统运行综合节能率可达 62%，社会和经济效益显著。

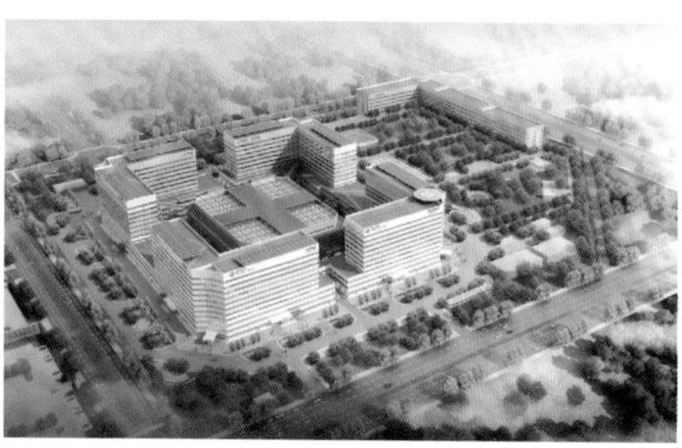

图 3.52 项目建筑外景（图片来源：恒亦明）

1. 光环境需求

在节能降耗和“碳中和”的大环境影响下，为了推进医院建设向更加安全、高效、低碳、环保的方向高质量发展，医院建设与发展也随之向绿色低碳转型。医院由于其结构庞大且科室繁多而复杂，医疗环境除了合理的医疗布局和高配置的医疗系统外，舒适的就医与治疗环境也是不可或缺的重要因素，因此其对照明也提出了很高的要求，舒适性、节能性、智能化缺一不可。

光环境与人体健康紧密相关，良好的灯光环境不仅能够营造出明亮通畅的医院氛围，也更有助于提高医护人员的工作效率，促进病患的调理、恢复和心理状态改善。本小节结合内部环境特点对大厅、走廊等公共区域进行照明改造，通过设置传感器和灯光计划表实现自动调节亮度、色温、场景等，实现人来灯亮、人走灯熄或减弱至背景光，达到高效节能的需求。

2. 设计依据

《建筑照明设计标准》（GB 50034—2013）、《绿色照明检测及评价标准》（GB/T 51268—2017）、《LED 室内照明应用技术要求》（GB/T 31831—2015 及《供配电系统设计规范》（GB 50052—2009）。

3. 智能照明设计

见表 3.15、表 3.16，从医院管理的角度，实现分区、分组控制，且针对医院的人流特点和使用需求，设置白天、傍晚、夜晚、深夜等照明场景，结合时序管理，灯光按设定的时间、亮度、色温自动运行，无须护士或保安手动管理，减少人力投入。同时，出于医院环境安全性的考虑，医院大厅、走廊、电梯间还设置了人感控制，在无人时自动调节为背景光状态。针对医院公共区域和诊室病房等区域的特点，设置了不同的照明要求。如诊室、护士站、办公室、药房等办公区域，会采用场景控制的会诊模式、工作模式、休息模式、节能模式等，且所有灯具可实现软编组，可随时调整控制场景，实现各类照明模式的需求。同时出于节能考虑，可增加人感及光感功能，依据自然光及人员在室的情况，通过延时关灯及调光，实现节能运行的目标。

表3.15 典型房间照明设计

空间类型	照明功率密度（W/m^2）	照度（lx）	一般显色指数R_a	统一眩光值 UGR	照度均匀度U_0
	标准值	标准值	标准值	标准值	标准值
办公室	≤15.0	≥500	≥80	≤19	≥0.6
病房	≤5.0	≥100	≥80	≤19	≥0.6
护士站	≤9.0	≥300	≥80	—	≥0.6
药房	≤15.0	≥500	≥80	≤19	≥0.6
走廊	≤4.5	≥100	≥80	—	≥0.6

表3.16 部分照明设备清单

产品名称	功率（W）	色温（K）	一般显色指数R_a
调光、调色温筒灯	15	2 700～5 700	80
调光、调色温面板灯	36	2 700～5 700	80
	10	2 700～5 700	80
	18	2 700～5 700	80
	36	2 700～5 700	80
调光、调色温线条灯	36	2 700～5 700	80
调光、调色温灯带	36	2 700～5 700	80
	25	2 700～5 700	80
调光、调色温吸顶灯	10	2 700～5 700	80
调光、调色温日光灯	16	2 700～5 700	80
照明控制器（设备）	2.5	—	—
感应探头	1.5	—	—
能源管理模块	2	—	—
遥控器	—	—	—
设置遥控器	—	—	—
智能照明控制器（网关）	7	—	—

4. 大厅、走廊、电梯间等公共区域

医院大厅是患者和陪诊人员时常经过、长期滞留的地方，为使病人有个安定的情绪，给病人创造一个安静、舒适的环境，采用光照明亮、照度均匀的可调光、调色 LED 照明灯具，充分考虑空间和其他区域照明的均衡协调，避免因照明相差太大而引起视觉不适。医院大厅选取调光、调色温 LED 灯带及调光、调色温 LED 筒灯作为主照明，结合灯光控制技术为来访者打造一个舒适安宁的光环境。

（1）亮度色温调节

大厅选用的智能灯具，可在 0 ~ 100% 的区间内调节灯光亮度以及在 2 700 ~ 5 700 K 的区间内调节色温。

（2）分组设置

如有需要，将大厅按功能划分为引导区、大堂区、挂号缴费区、休息区等，对各区灯光进行单独控制。

（3）场景控制模式

① 全开模式：灯具全部打开，灯光调至 100% 亮度，适用于阴雨天、上下班高峰期、人流密度大的情况。

② 节能模式：灯具根据现场实际情况，可以设计成多灯具不同亮度组合的照明方式，适用于外部自然光充足，人流量较少或局部集中时。

③ 夜间模式：保留必要的背景光照明，节省能源。

（4）时序控制

① 按照当地日出、日落的时间自动定时控制灯具的开、关。

② 按照日常使用情况预设程序控制灯具的开、关或各种控制模式，如节能模式、夜间模式等。

5. 病房区域

结合人的心理，针对不同季节调整不同色温的灯光，营造温馨舒适的休养环境；且所有灯具实现软编组，设置阅读、会诊、休息、工作等场景模式，配合墙壁遥控器，使每位患者能单独控制自己区域的照明，避免相互打扰，为患者提供一个安心休养的场所（图 3.53）。

如需远端控制，拥有操作权限的高级用户可以登录网页对所有区域进行开关亮度、色温、场景等控制。通过局域网或互联网，远程开展照明管理，后台查看目标区域开关灯的状态，监控各科室的用电情况（图 3.54、图 3.55）。

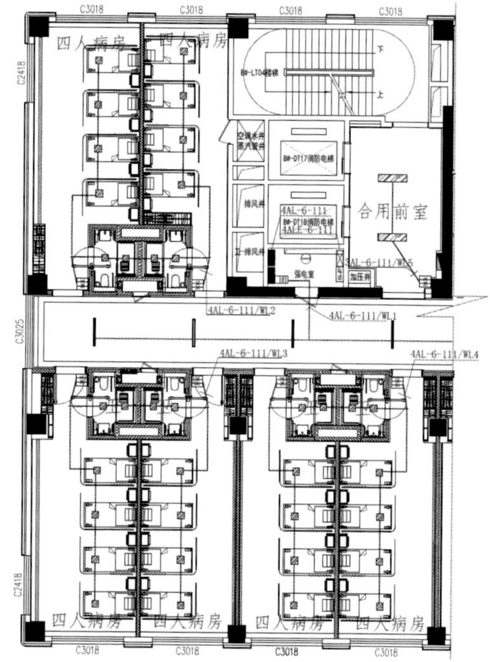

图 3.53　病房区域灯具布置图（图片来源：恒亦明）

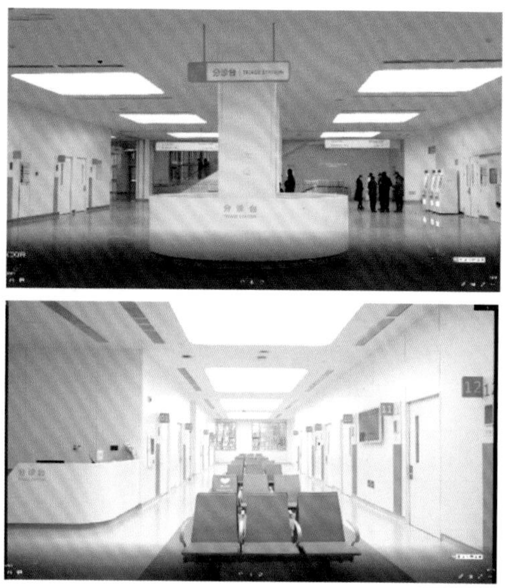

图 3.54　病房区域实景（图片来源：恒亦明）

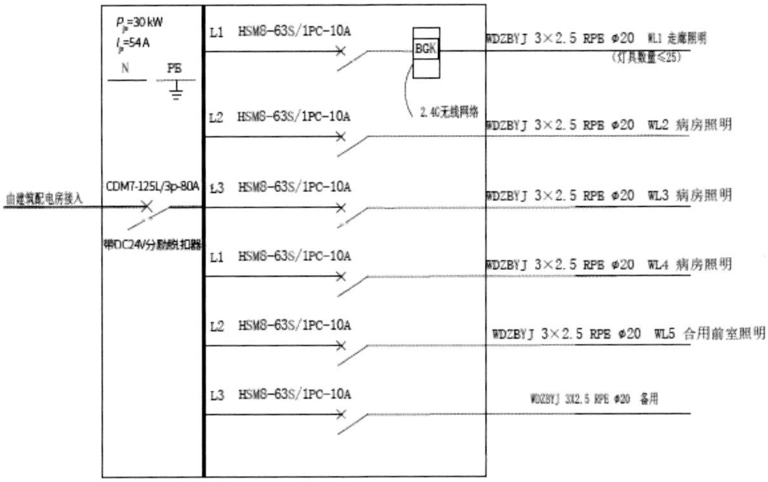

注：导轨式智能开关输出最大功率为 1200W 觉 3000W，后端回路负载的总功率不得超过其有效功率。

图 3.55　病房区域配电图（图片来源：恒亦明）

病房是患者休养的场所，照明的重点是实用又舒适，营造像家一样的感觉。应结合自然照明和人工照明，提升环境的舒适性。该区域从人的视觉、心理和生理的需要出发，采用嵌入式防眩光的调光、调色温灯具，结合照明调控策略，实现人性化、舒适的照明空间。

（1）亮度色温调节

办公室选用的智能灯具，可在 0 ~ 100% 的区间内调节灯光亮度以及在 2 700 ~ 5 700 K 的区间内调节色温。

（2）分组设置

将病房按床位划分成单床区域，可对单床灯光进行单独控制。

（3）场景控制模式

① 查房模式：灯光全亮，医护人员可通过入户智能开关开启灯光。

② 护理模式：患者可通过床头的无线开关开启单床区域的灯光。

③ 休息模式：患者可通过床头的无线开关关闭单床区域的灯光。

④ 睡眠模式：将病房内灯光调至最低，便于患者起夜，尽量不影响睡眠。

6. 实施效果及经济效益

本项目实施过程中免布线、成本低、便捷安全，并基于非视觉效应和健康照明的动态照明技术，在实现健康、舒适、高效的光环境的同时，也通过动态调节，一定程度上实现节律照明，减弱光源对人体昼夜节律的扰乱（图 3.55）。现场选取办公室、病房、护士站、药房及走廊进行了测试（表 3.17、表 3.18），医院空间整体光环境得到了显著提升，在兼顾健康照明需求的同时，有效降低了项目的能耗水平，整体效果良好，使用人员满意度高。经测试，系统的照明节电率可达到 62%，节能效益显著（表 3.19）。

表3.17　现场光环境测试结果

检验场所	检验项目	标准值	检验值
病房	水平照度平均值E_{have}（lx）	≥100	130
	水平照度均匀度U_0	≥0.6	0.7
	色温（K）	—	4221
	一般显色指数R_a	≥80	86
	特殊显色指数R_9	＞0	23
	照明功率密度LPD（W/m^2）	≤5.0	3.5
	统一眩光值UGR	≤19	18

续表3.17

检验场所	检验项目	标准值	检验值
护士站	水平照度平均值E_{have}（lx）	≥300	307
	水平照度均匀度U_0	≥0.6	0.8
	色温（K）	—	4056
	一般显色指数R_a	≥80	86
	特殊显色指数R_9	>0	24
	照明功率密度LPD（W/m^2）	≤9.0	3.1
药房	水平照度平均值E_{have}（lx）	≥500	507
	水平照度均匀度U_0	≥0.6	0.9
	色温（K）	—	4017
	一般显色指数R_a	≥80	85
	特殊显色指数R_9	>0	18
	照明功率密度LPD（W/m^2）	≤15.0	4.0
走廊	水平照度平均值E_{have}（lx）	≥100	121
	水平照度均匀度U_0	≥0.6	0.8
	色温（K）	—	4106
	一般显色指数R_a	≥80	86
	特殊显色指数R_9	>0	20
	照明功率密度LPD（W/m^2）	≤4.5	2.1
电梯前厅	水平照度平均值E_{have}（lx）	≥150	154
	水平照度均匀度U_0	≥0.6	0.8
	色温（K）	—	4300
	一般显色指数R_a	≥80	87
	特殊显色指数R_9	>0	26
	照明功率密度LPD（W/m^2）	≤6.5	3.2

表3.18　不同模式的光环境测试结果

检验场所	检验项目	测量点				
		1	2	3	4	平均值
办公室	色温（K）	4 170	4 152	4 156	4 163	4 160
	一般显色指数R_a	84.7	84.8	84.7	84.8	84.8
	特殊显色指数R_9	18	18	18	18	18
病房	色温（K）	4 297	4 217	4 317	4 053	4 221
	一般显色指数R_a	86.3	86.0	86.0	86.8	86.3
	特殊显色指数R_9	24	23	24	21	23

续表3.18

检验场所	检验项目	测量点				
		1	2	3	4	平均值
护士站	色温（K）	4 038	4 053	4 071	4 060	4 056
	一般显色指数R_a	86.1	86.3	86.3	86.3	86.3
	特殊显色指数R_9	23	24	24	24	24
药房	色温（K）	4 010	4 012	4 033	4 014	4 017
	一般显色指数R_a	85.1	85.1	85.6	85.1	85.2
	特殊显色指数R_9	17	17	19	17	18
走廊	色温（K）	4 127	4 082	4 141	4 075	4 106
	一般显色指数R_a	85.5	85.6	86.1	85.7	85.7
	特殊显色指数R_9	19	19	22	20	20
电梯	色温（K）	4 290	4 288	4 304	4 319	4 300
	一般显色指数R_a	86.6	86.5	86.6	86.5	86.6
	特殊显色指数R_9	26	25	26	25	26

表3.19 照明节电率测试结果

场所	照明功率密度LPD标准值（W/m^2）	照明功率密度LPD实测值（W/m^2）	节能率（%）
办公室	15.0	4.0	71
病房	5.0	3.5	30
护士站	9.0	3.1	66
药房	15.0	4.0	73
走廊	4.5	2.1	53

注：节能率（%）=（照明功率密度标准值 − 照明功率密度实测值）/ 照明功率密度标准值 ×100%。

（七）教室

北京某大学，创建于1960年，是一所以工科为主，工、理、经、管、文、法、艺术、教育相结合的多科性市属重点大学，是国家“双一流”建设高校、国家“211工程”建设高校。北京某大学绿色建筑技术中心楼原为电教楼与团委教育建筑，主体功能分区涵盖办公室、会议室、报告厅、实验教室、走廊、卫生间等区域。其作为北京某大学内首个按照绿色照明标准进行改造的建筑，具有重要的示范意义。同时，该工程作为改造项目，对于既有建筑光环境的节能改造具有重要的指导作用。

图3.56 项目建筑外景（图片来源：恒亦明）

该项目于2020年开始对大楼照明系统进行改造，照明智能化及光环境改造同时列入“十三五”国家重点研发计划绿色建筑及建筑工业化重点专项科技示范工程（图3.56）。

1. 光环境需求

本项目改造前采用传统照明控制，设施及管理现状较为落后，且教室内照明质量差、能耗高。

① 健康需求：学生长时间学习在低照度和低照度均匀度的环境中容易造成视觉疲劳导致近视，教室照明设计和技术必须优先选择健康安全的产品，控制和减少光对学生视力、心理等方面的损害。

② 舒适需求：防眩光、频闪是教育建筑照明设计重要考虑的因素之一，照明灯光中要注意避免眩光、频闪的存在，另外还要注意对比度、均匀度等，以寻找视觉的最佳舒适点。

③ 控制需求：根据教育建筑的特点及对室内光环境视觉舒适度、自动控制的要求，建筑内部改造后采用调光、调色温的照明系统，全面提升建筑的室内光环境，具体控制需求为多终端实现个性化控制、分时控制、分区域控制、实时感应控制、群组联动控制、亮度色温混合调节的多模式控制，通过控制策略与行为节能方式，实现照明系统节能。

2. 设计依据

《建筑照明设计标准》（GB 50034—2013）、《绿色照明检测及评价标准》（GB/T 51268—2017）、《室内照明应用技术要求》（GB 31831—2015）、《供配电系统设计规范》（GB 50052—2009）、《低压配电设计规范》（GB 50054—1995）、《智能照明控制系统技术规范》（T/CECS 612—2019）及《绿色建筑评价标准》（GB/T 50378—2014）。

3. 智能照明设计

本项目基于"十三五"国家重点研发计划绿色建筑及建筑工业化重点专项科技示范工程非视觉效应研究和健康照明的研究成果，使用分布式控制系统，采用可调光、调色温的照明产品以及智能控制技术，考虑光环境与视觉功效、情绪、节律、认知等各个方面的健康因素，提供动态照明的技术方案，调整不同时间、不同区域、不同人员的照明色温和照明亮度，营造健康、舒适、高效、节能、个性化的室内光环境（表 3.20）。

表3.20　典型房间照明设计

房间类型	照明功率密度（W/m^2）		照度（lx）		一般显色指数R_a		统一眩光值 UGR		照度均匀度U_0	
	标准值	设计值	标准值	设计值	标准值	设计值	标准值	设计值	标准值	设计值
教师办公室	13.5	8	500	533	80	>80	19	<19	0.6	>0.6
会议室	8	8	300	350	80	>80	19	<19	0.6	>0.6
走廊	3.5	3	100	130	80	>80	25	<25	0.6	>0.6
实验教室	13.5	8	300	350	80	>80	19	<19	0.6	>0.6
卫生间	5.0	4.25	150	194	80	>80	25	<25	0.6	>0.6
报告厅	13.5	8	500	533	80	>80	19	<19	0.6	>0.6

本项目所采用的分布式智能照明控制系统（图 3.57）的主要特点如下：

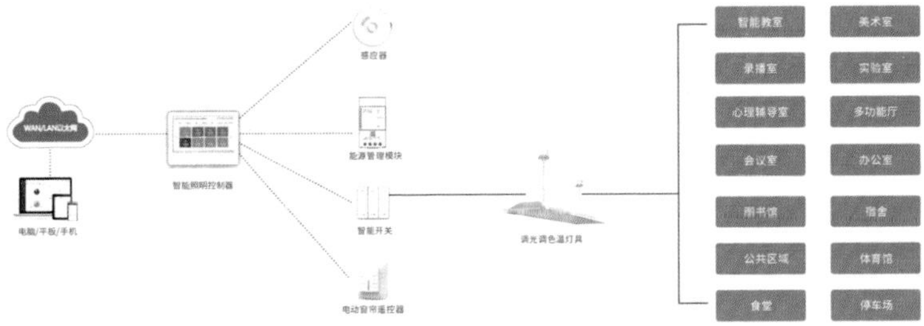

图 3.57 教室照明控制系统拓扑图（图片来源：恒亦明）

①时序控制：控制系统预设时间表，按照日常的工作时间规律控制各种灯具的亮度和色温，应用空间包括办公室、休息室、走廊等。

②区域控制：各区域预先设定多种光环境模式，可通过物理按钮或云端控制实现模式的快速切换，实现各类照明模式的需求。应用空间包括办公室、会议室、教室、报告厅、走廊等。

③实时感应控制：可结合建筑内多功能传感器实现实时的照明控制，调节室内光环境情况，并可以反馈各区域的照明、人流量等情况。应用空间包括办公室、卫生间、走廊等。

④多终端实时个性化控制：可通过各区域的物理按钮、设备遥控器、能源管理控制模块，手机、平板等移动端设备扫描二维码进行近端控制室内光环境，也可以实现计算机云端、手机统一或分布式控制灯光，在调节指定区域的同时可以保证其他区域的光环境不受影响，便于营造主观舒适的局部光环境。如需远端控制，拥有操作权限的用户可以登录网页对所有区域的开关、亮度、色温、场景等模式进行控制，系统同样可以通过局域网向远程服务器上传照明状态参数，对服务器开放灯光控制接口，以方便知晓照明状态。晚上或节假日，管理者可以远程观察控制灯光开关状态，确保无人时灯光处于关闭状态，此方式可应用于所有空间。

针对用户问卷调查结果和二维码调控情况，设置了不同的运行策略。大厅、走廊等过渡区域，针对教育建筑人流特点和使用需求，工作日采用时序控制，实现色温和光通量的动态调节，同时，该区域还设置了人感控制，在无人时延时关灯。

本项目多为办公区域，其中会议室采用场景控制，所有灯具可实现软编组，可随时调整控制场景，实现各类照明模式的需求。各办公室预先设定基于健康照明的动态光环境自动运行模式，结合人员的工作习惯和健康照明需求，实现光色的动态调节（图 3.58、表 3.21）。

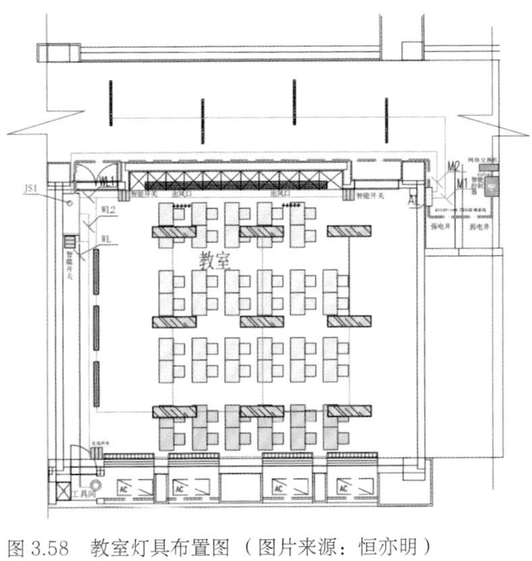

图 3.58 教室灯具布置图（图片来源：恒亦明）

表3.21 教室部分照明设备清单

图例	产品名称	产品参数	灯具数量	备注
◎	感应吸顶灯	LED灯/10 W/（280 mm×80 mm）/吸顶	1	
	调光、调色温教室灯	LED灯/10 W/（280 mm×80 mm）/吸顶	9	
	调光、调色温教室灯	LED灯/10 W/（280 mm×80 mm）/吸顶	3	
	调光、调色温固定式线条灯	24 W/2 700～5 700 K/2 200 lm/R_a=80/35° /黑色（1 200 mm×50 mm×70 mm）/吊装	4	
	开合电动窗帘	107 W/防护等级: IP 40/40 mm×40 mm×310 mm（最大尺寸）	4	
	智能开关	107 W/防护等级: IP 40/40 mm×40 mm×310 mm（最大尺寸）	3	供电:零线（N）和火线（L）
	电动窗帘开关	遥控距离：15 m/86 mm×86 mm×12 mm /86盒安装/贴墙安装	1	供电:零线（N）和火线（L）
	电动窗帘开关	遥控距离:15 m/86 mm×86 mm×12 mm /86盒安装/贴墙安装8 A/1 200 W/灯光控制:ZPLC /95 mm×52 mm×64 mm /DIN导轨长装	3	安装于配电柜内，供电：零线（N）和火线（L）
	三相能源管理模块	A50 BS/50 A/1.0级/蓝牙/ 95 mm×52 mm×66 mm DIN导轨安装	1	安装于配电柜内,供电：零线（N）和火线（L）
	照明控制器	8位/184 mm×137 mm×17 mm/ 壁挂、嵌入式、底盒安装	1	用POE供电/零线（N）、火线（L）供电，并接入网络
	设置遥控器	遥控距离:20 m/159 mm×45 mm×13 mm/手持	1	系统调试时使用
	双绞屏蔽线	RVVSP-4×0.75 mm^2	若干米	设备与设备之间采取“手拉手”连接,图中走线仅为示意
	网线	CAT-6	若干米	图中走线仅为示意

4. 照明控制策略

实验室区域按功能划分为黑板区域和实验区域，对各区域灯光进行单独控制。黑板区域选择调光黑板灯；实验区域选用高显色指数、无频闪、无蓝光危害的调光、调色温微棱晶教室灯，可在 0 ～ 100% 的区间内调节灯光亮度以及在 2 700 ～ 5 700 K 的区间内调节色温（图 3.59）。

（1）场景控制模式

① 上课模式：黑板灯、教室灯自动调节至 100% 亮度，窗帘开启，恒照度模式开启。

② 投影模式：黑板灯光关闭，教室灯自动调暗至 50% 亮度，窗帘自动关闭，恒照度模式开启。

③ 课间模式：黑板灯关闭，教室灯自动调节至 20% 亮度，白天窗帘开启，恒照度模式开启。

④ 放学模式：黑板灯、教室灯自动关闭，窗帘开启或关闭。

（2）根据环境自然光的亮度自动调节

当外界射入光线变强的时候，教室灯亮度自动降低，课桌的照度保持在国标要求的 300 lx 以上，达到护眼、节能效果；当外界射入光线变弱的时候，教室灯亮度自动调亮，课桌的照度保存在国标要求的 300 lx 以上，无须人为调节。

（3）时序控制

① 按照当地日出、日落的时间自动定时控制灯具的开、关。

② 按照日常使用情况预设程序控制灯具的开、关或各种控制模式，如工作模式、休息模式等。

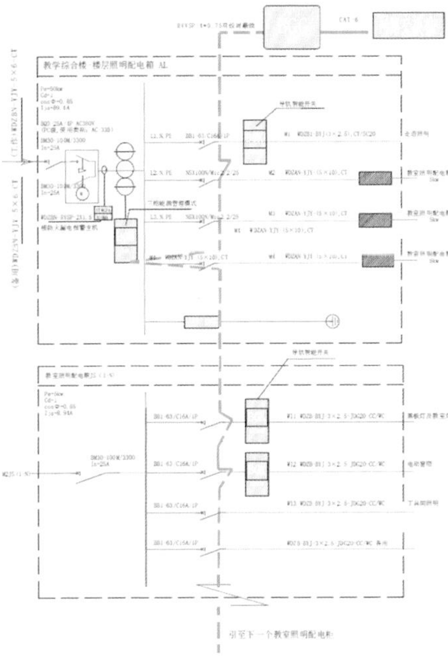

图 3.59 教室配电图（图片来源：恒亦明）

5. 实施效果及经济效益

基于非视觉效应和健康照明的设计理念，采用可调亮度、色温一体化灯具以及智能控制技术，可实现从光通量在 0 ~ 100% 的区间内动态调节，色温变化范围为 2 700 ~ 5 700 K，同时考虑光环境与视觉功效、情绪、睡眠、认知、节律等各个方面的健康因素，提供动态照明的技术方案，根据人体的生物节律，结合办公环境及用户需求特点，调整不同空间的亮度和色温，创造健康、舒适、高效的光环境（图 3.60）。

图 3.60 实景（图片来源：恒亦明）

现场选取办公室、会议室、大厅以及走廊进行了光环境测试，表 3.22 为建筑主要部分（办公室、实验室）测试结果。

表3.22 现场光环境测试结果

检验场所	检验项目	标准值	检验值
办公室	水平照度平均值E_{have}（lx）	≥300	325
	水平照度均匀度U_0	≥0.6	0.9
	色温（K）	—	4186
	一般显色指数R_a	≥80	86
	特殊显色指数R_9	>0	24
	照明功率密度LPD（W/m^2）	≤9.0	3.2
实验室	水平照度平均值E_{have}（lx）	≥300	563
	水平照度均匀度U_0	≥0.6	0.8
	色温（K）	—	4 051
	一般显色指数R_a	≥80	96
	特殊显色指数R_9	>0	54
	照明功率密度LPD（W/m^2）	≤9.0	9.0

在系统调试后，对一层、二层和三层统计了 2021 年 4 月 1 日至 4 月 22 日共 22 天的照明能耗数据。其用电量分别为 156.3 kW · h、195.9 kW · h 和 45.76 kW · h，按年使用 250 天计算，可得到测试区域全年的用电量约为 4 522 kW · h。因此，全楼除实验室与报告厅外照明系统综合年节能率为 72.9%，计算过程见表 3.23。

表3.23　照明实际年节能率

年用电量（kW·h）	单位面积用电量LENI（kW·h/m²×a）	LENI标准值（kW·h/m²×a）	年节能率（%）
4609	3.7	13.8	72.9

通过测试表明，该示范工程在满足光环境提升效果的同时，实现了节能率不低于60%的目标。实际应用效果良好，得到了业主的高度评价。

项目组对建筑内办公人员发放了30份调查问卷，回收问卷27份，用于分析光环境的提升效果。回收问卷中所有人员日均驻留建筑时间大于6小时，改造后有7%的人员基本满意，19%较满意，41%的人员满意，33%的人很满意。

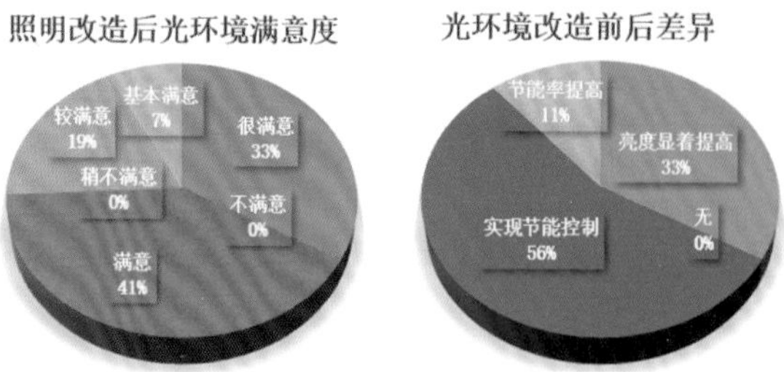

图3.61　调查问卷结果（图片来源：恒亦明）

光环境改造前后的差异主要要体现在亮度显著提高和实现节能控制上，得到了业主的高度评价。

（八）银行

项目地处中国青藏高原第一大城市——西宁市，海拔2 261 m，属于典型的高原大陆性气候，光气候分区Ⅱ。它的办公大楼属于典型金融营业综合办公建筑，建于20世纪90年代，曾是青海省西宁市地标建筑，楼高20层，建筑面积近20 000 m²，建筑内部地面及部分墙面用全天然暖色大理石装饰，装饰风格庄重。经过多年的运营使用，大楼各项设备（包括照明）陈旧老化、能耗高，不仅影响正常办公，还存在安全隐患，同时已经无法满足绿色建筑要求。

2019年开始大楼整体翻新改造，照明系统成为改造中的重要环节，该项目照明智能化及光环境改造同时列入“十三五”国家重点研发计划绿色建筑及建筑工业化重点专项科技示范工程（公共建筑光环境提升关键技术研究及示范2018YFC0705100）（图3.62）。

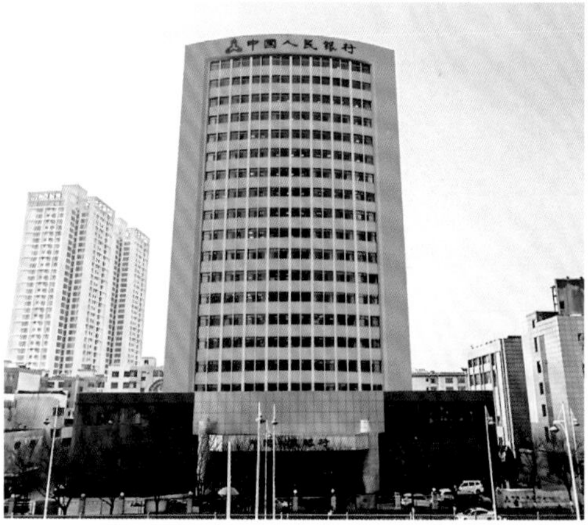

图3.62　项目建筑外景照片（图片来源：恒亦明）

1. 设计依据

《建筑照明设计标准》（GB 50034—2013）、《绿色照明检测及评价标准》（GB/T 51268—2017）、《LED室内照明应用技术要求》（GB/T 31831—2015）及《供配电系统设计规范》（GB 50052—2009）。

2. 智能照明设计

运用智能照明解决方案对银行内的环境照明进行设计，结合探头和各类控制器对每个区域照明进行精细化管理，既能达到按需照明，提升舒适度，又能节能减排，降低运营成本（图 3.63、表 3.24、表 3.25）。

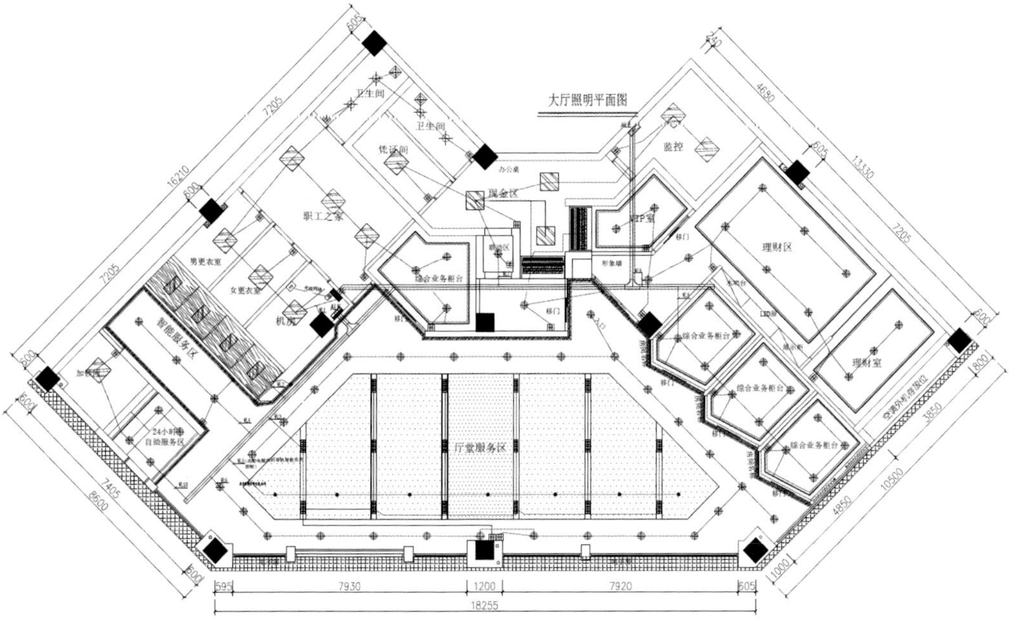

图 3.63　银行大厅灯具布置图（图片来源：恒亦明）

表3.24　典型房间照明设计

房间类型	照明功率密度（W/m²）		照度（lx）		一般显色指数R_a		统一眩光值 UGR		照度均匀度U_0	
	标准值	设计值	标准值	设计值	标准值	设计值	标准值	设计值	标准值	设计值
行长办公室	13.5	8	500	533	80	>80	19	<19	0.6	>0.6
会议室	8	8	300	441	80	>80	19	<19	0.6	>0.6
走廊	3.5	3	150	232	80	>80	25	<25	0.6	>0.6
办公室	13.5	8	500	515	80	>80	19	<19	0.6	>0.6
卫生间	5.0	4.25	150	194	80	>80	25	<25	0.6	>0.6

表3.25　部分照明设备清单

产品名称	功率（W）	色温（K）	一般显色指数R_a	安装区域
LED调光、调色温筒灯	11	2 700～5 700	80	会议室
	8	2 700～5 700	80	走廊过道
	18	2 700～5 700	80	大厅
LED调光、调色温灯管	16	2 700～5 700	80	办公室（大）
	5	2 700～5 700	80	办公室
LED调光、调色温灯带	36	2 700～5 700	80	会议室

续表3.25

产品名称	功率（W）	色温（K）	一般显色指数R_a	安装区域
LED调光、调色温面板灯	18	2 700～5 700	80	卫生间
	36	2 700～5 700	80	办公室
	72	2 700～5 700	80	办公室
LED调光、调色温双头斗胆灯	24	2 700～5 700	80	会议室
LED调光、调色温筒灯	3	2 700～5 700	80	办公室
LED调光、调色温灯管	8	2 700～5 700	80	办公室

3. 照明控制策略

针对银行的人流特点和使用需求，设置了不同的照明运行策略。大厅作为呈现给来宾的第一道风景线，其格调和装修会为来宾带来第一印象。此区域的特点是面积大、空间高、对照明依赖性高。此区域灯具的安装，要做到灯具外观与装饰浑然一体，使整个大厅显得简洁大方，与现场的建筑整体风格相呼应。大厅选取调光、调色温LED灯带及调光、调色温LED筒灯作为主照明，结合灯光控制技术为来访者打造一个舒适且极具吸引力的光环境。针对公共区域，工作日采用时序控制，实现色温和光通量的动态调节，同时还设置了人感控制，在无人时延时关灯。公共区域配电图如图3.64所示。

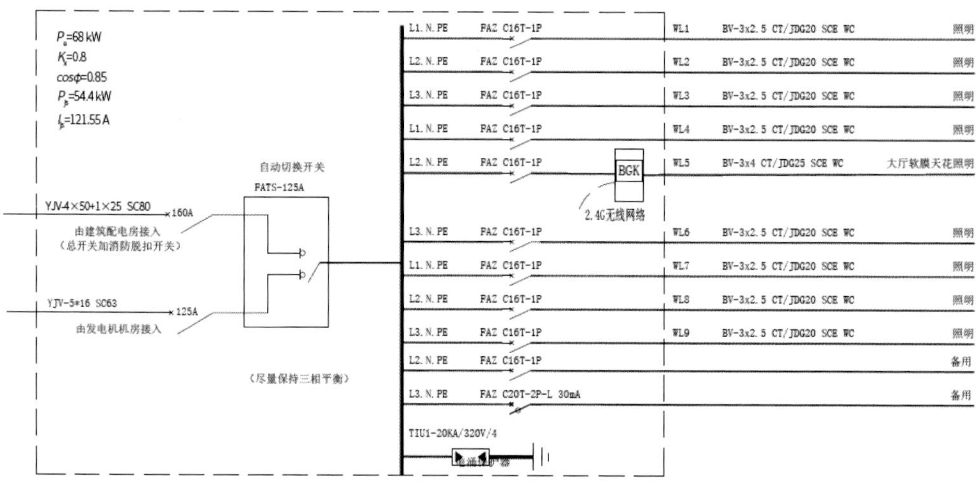

图3.64　公共区域配电图（图片来源：恒亦明）

（1）亮度色温调节

大厅选用的智能灯具，可在0～100%的区间调节灯光亮度以及在2 700～5 700 K的区间调节色温。

（2）分组设置

如有需要，将大厅按功能划分为Logo区、大堂区、前台区、休息区，对各区灯光进行单独控制，如休息区无人时，可关闭休息区灯光。

（3）场景控制模式

① 全开模式：灯具全部打开，灯光调至100%亮度。适用于阴雨天、上下班高峰期、人流密度大的情况。

② 节能模式：灯具根据现场实际情况，可以设计成多灯具不同亮度组合的照明方式。适用于外部自然光充足，人流量较少或局部集中时。

③ 夜间模式：灯具全部关闭或保留必要的背景光照明，节省能源。

（4）时序控制

银行公共区域时序控制策略如图3.65所示。

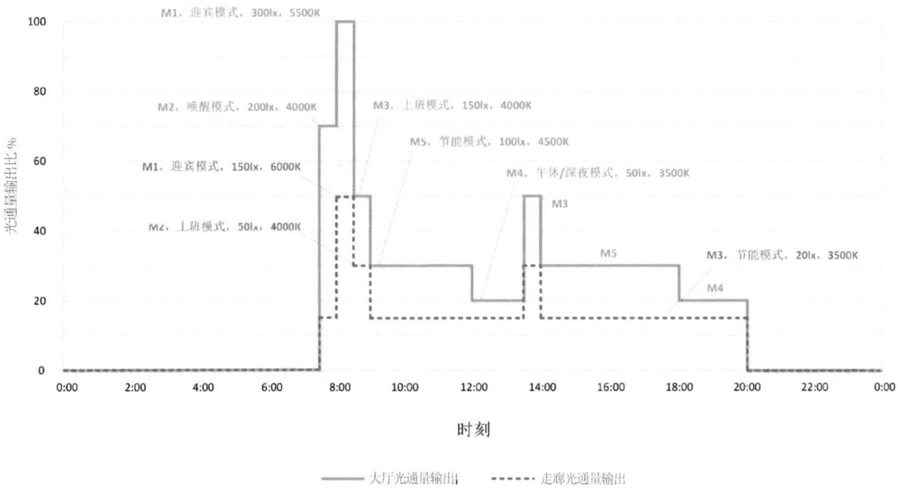

图 3.65　公共区域时序控制策略（图片来源：恒亦明）

①按照当地日出、日落的时间自动定时控制灯具的开、关。

②按照日常使用情况预设程序控制灯具的开、关或各种控制模式，如节能模式、夜间模式等。

（5）人感及光感的节能控制

依据自然光及人员在室的情况，通过延时关灯及调光，实现节能运行的目标。

4. 实施效果及经济效益

通过测试表明（表 3.26 ~ 表 3.28），本项目在满足光环境提升效果的同时，系统的照明节电率可达到 61%（表 3.29）。经实际应用，光环境比改造前有显著提升，并兼顾了健康照明需求，系统控制灵活、操作简单方便，整体效果良好，得到了房主的高度评价（图 3.66）。

表3.26　现场光环境测试结果

评价指标		房间或场所	
		办公室	大厅
作业面照度（lx）	标准值	300	200
	实测值	475	228
照度均匀度U_0	标准值	0.6	0.6
	实测值	0.8	0.8
一般显色指数R_a	标准值	80	80
	实测值	84	84
特殊显色指数R_9	标准值	>0	—
	实测值	9	—
频闪比（%）	标准值	≤3	—
	实测值	2	—
统一眩光值UGR	标准值	19	—
	计算值	8	—

表3.27　办公室不同模式的光环境测试结果（案例一）

参数		模式1	模式4	模式7	模式5	模式2	模式6	模式3
光输出比（%）		100	100	100	80	60	30	20
输出功率（kW）		0.225	0.225	0.225	0.180	0.135	0.0675	0.045
使用时长（h）		2	2	2	1	0.5	2.5	0
作业面照度	平均值（lx）	615	610	604	475	356	193	127
	照度均匀度	0.7	0.8	0.8	0.8	0.8	0.87	0.8
垂直照度（lx）		287	—	—	—	—	—	—
亮度（cd/m^2）	面板灯	3 340	—	—	—	1842	—	623
	墙面	120	—	—	—	73	—	26
	顶棚	64	—	—	—	39	—	15
亮度比（不含灯具）		1.9	—	—	—	1.9	—	1.7
相关色温（K）		5 394	5 132	4 637	4 642	4 289	3 451	2 939
一般显色指数R_a		82	83	84	84	84.3	86	83.3

表3.28　大厅不同模式的光环境测试结果

参数		模式1	模式2	模式3	模式5	模式4
		迎宾	唤醒	上班	午休/夜晚	节能
光输出比（%）	100	70	50	20	30	—
功率输出比（%）	100	63	44	44	33	—
输出功率（kW）	2.7	1.7	1.2	1.2	0.9	—
使用时长（h）	7	1	1	2	2.5	—
照度	地面照度（lx）	332	228	170	63	104
	照度均匀度	0.6	0.8	0.8	0.8	0.8
亮度（cd/m^2）	筒灯	20 600	10 510	8 330	4	3 970
	顶棚	31	19	15	6	10
	柱子	48	34	23	9	15
	墙面	59	32	24	8	14
	墙面	26	16	14	7	8
最大亮度比	2.3	2.1	1.7	2.5	1.9	—
相关色温（K）	5 645	4 273	3 922	3 616	4 371	—
一般显色指数R_a	82	84	84	86	84	—

表3.29　照明节电率测试结果

检测项目	办公室	会议室	大厅	走廊
安装功率（W）	27 279	3 451	972	8 680
节电率（%）	63.5	65.1	58	51.1
总节电率（%）	61.0			

图 3.66　实景（图片来源：恒亦明）

（九）剧院

为提升剧院硬件配套设施，2021 年开始对某大剧院大楼整体翻新改造，照明系统成为改造中的重要环节，大剧院的建筑设计本身是一门艺术，而为艺术作品增色最重要的元素是灯光。光，是艺术空间里最好的语言，是看得见摸不着的艺术呈现，真正好的灯光设计可以与建筑空间完全融合，焕发出超越建筑本身的光彩，成为建筑艺术的点睛之笔。将灯光和建筑完美融合，能充分表达曲线之美，提供交相辉映、健康舒适的照明方案，能够让人们在欣赏艺术作品的同时，也能享受舒适光环境带来的艺术氛围（图 3.67）。

图 3.67　项目建筑外景（图片来源：恒亦明）

1. 光环境需求

由于项目改造前采用的总线控制系统仅限于调光，灯具采用传统卤钨灯等高耗能灯具，安装年代相对久远，不仅光效差、照度不均匀、光衰严重、色温偏差大、光环境极其不佳，而且随着使用年限及频率的增大，能耗问题也显得日益突出，已经成为运营维护的沉重负担。因此，在提供照明功能的同时降低运营开支是大剧院对照明系统的基本需求，实现大剧院照明节能控制对节能减排、生态环境的改善具有积极影响。优质的光环境不但可以营造良好的观演氛围，而且制造一个自然光和智能光明暗辉映又自然舒适的光环境。

2. 设计依据

《建筑照明设计标准》（GB 50034—2013）、《绿色照明检测及评价标准》（GB/T 51268—2017）、《室内照明应用技术要求》（GB/T 31831—2015）及《供配电系统设计规范》（GB 50052—2009）。

3. 智能照明设计

大剧院智能照明系统综合考虑照明营造的气氛及照明与建筑装潢的协调性，让大剧院在不同的使用场景中为顾客提供舒适、优雅、端庄的光环境。系统通过智能开关轻松控制整个剧场内的灯光效果（表 3.30、表 3.31）。

表3.30 典型房间照明设计

房间类型	照明功率密度（W/m^2）	照度（lx）	一般显色指数 R_a	统一眩光值 UGR	照度均匀度 U_0
	标准值	标准值	标准值	标准值	标准值
门厅	8	200	80	22	0.4
观众剧场厅	7	150	80	22	0.4
排练厅	8	300	80	22	0.6
走廊	3.5	150	80	25	0.6
办公室	13.5	500	80	19	0.6
卫生间	5.0	150	80	25	0.6

表3.31 部分照明设备清单

产品名称	功率（W）	色温（K）	一般显色指数 R_a
调光、调色温蜡烛灯	3	2 700～5 700	80
调光、调色温15 cm筒灯	11	2 700～5 700	80
调光、调色温双头斗胆灯	24	2 700～5 700	90
调光、调色温25 cm筒灯	80	2 700～5 700	90
调光、调色温15 cm筒灯	30	2 700～5 700	90
调光、调色温20 cm天花筒灯	52	2 700～5 700	90
调光、调色温15 cm天花筒灯	24	2 700～5 700	90
调光、调色温灯带	105	2 700～5 700	90
智能照明控制器	10	—	—
导轨式智能开关	4	—	—

4. 智能控制策略

观众剧场厅作为观众最重要的体验部位，照明设计既要满足照明功能需求，还要与室内装饰设计相结合，营造良好的空间氛围，拉近演员和观众的距离。而公共区域采用均匀照明方式照亮整个空间，起到引导疏散的作用。观众剧场厅区域选用大功率、高显色指数的调光、调色温筒灯。

（1）亮度和色温调节

观众剧场厅区域选用的智能灯具，可在 0 ～ 100% 的区间内调节灯光亮度以及在 2 700 ～ 5 700 K 的区间内调节色温。

（2）分组设置

将观众剧场厅区域按功能划分为舞台区、观众区、公共区和后场区，便于各区灯光进行单独控制。

（3）场景控制模式

① 入场模式：人员入场时，公共区域灯光全亮，其余区域调成背景光亮度，引领观众入场。

② 演出中模式：演出时，调节相应灯光到适宜的亮度。

③ 演出结束模式：所有区域灯光全亮，以示对演员的感谢和欣赏。

④ 演员退场模式：舞台区域缓慢关闭舞台灯光，公共区域灯光全亮，欢送客人离场。

⑤ 清场模式：公共区域灯光处于50%亮度，其余区域灯光关闭，进入安保场景。

⑥ 清扫模式：全部灯光处于 50% 亮度，保证清扫人员工作照度即可。

5. 实施效果及经济效益

通过测试表明，本项目在提升光环境效果的同时，系统的照明节电率可达到65%。经实际应用，光环境比改造前有显著提升，不仅如此，改造后的还兼顾了健康照明需求，系统控制灵活，操作简单方便，整体效果良好，得到了业主的高度评价（图3.68）。

现场选取观众剧场厅进行了测试，表3.32～表3.34为测试结果。

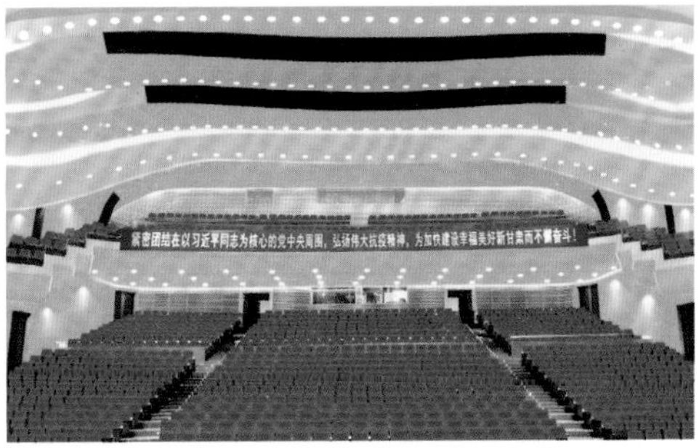

图3.68　智能照明模式（图片来源：恒亦明）

表3.32　现场光环境测试结果

检验场所	检验项目	标准值	检验值
观众剧场厅	水平照度平均值E_{have}（lx）	≥500	502
	水平照度均匀度U_0	≥0.6	0.9
	色温（K）	≥3 200	4 208
	一般显色指数R_a	≥80	94
	特殊显色指数R_9	>0	35
	照明功率密度LPD（W/m^2）	≤9.0	5.1

表3.33　观众剧场厅不同模式的光环境测试结果（案例一）

参数		模式1	模式4	模式7	模式5	模式2	模式6	模式3
光输出比（%）		100	100	100	80	60	30	20
输出功率（kW）		0.225	0.225	0.225	0.180	0.135	0.0675	0.045
使用时长（h）		2	2	2	1	0.5	2.5	0
作业面照度	平均值（lx）	615	610	604	475	356	193	127
	照度均匀度	0.7	0.8	0.8	0.8	0.8	0.87	0.8
垂直照度（lx）		287	—	—	—	—	—	—
亮度（cd/m^2）	面板灯	3340	—	—	—	1 842	—	623
	墙面	120	—	—	—	73	—	26
	顶棚	64	—	—	—	39	—	15
亮度比（不含灯具）		1.9	—	—	—	1.9	—	1.7
相关色温（K）		5 394	5 132	4 637	4 642	4 289	3 451	2 939
一般显色指数R_a		92	93	94	94	94.3	96	93.3

表3.34　照明节电率结果

序号	原有灯具	功率（W）	总功率（W）	现有灯具	功率（W）	总功率（W）
1	天花筒灯	24	1 440	调光、调色温15 cm筒灯	11	2 420
2	卤钨灯	300	69 000	调光、调色温25 cm筒灯	80	18 400
3	卤钨灯	75	9 375	调光、调色温20 cm筒灯	52	3 750
4	T8-1200日光灯	36	22 680	调光、调色温灯带	105	11 130
5	—	—	—	智能照明控制器	10	30
6	—	—	—	导轨式智能开关	4	200
功率合计（W）		102 495		35 930		
照明综合节能率		65%				

（十）工厂

1. 光环境需求

本项目是某煤矿主洗车间智能灯节能改造，原灯具总数 722 盏。项目改造前存在的主要问题如下：

① 老式的金卤灯发光效率低（实际光效小于或等于 800 lm/W）、光衰严重、照明效果差、响应时间长（触发器和整流器有功率占比）导致实际功率高于额定功率，日常运行更换配件频繁，维护成本过高。

② 灯具频闪严重，影响工人日常作业。且金卤灯、高压钠灯等光源均含重金属卤化物，不可回收，属于高危污染物。

③ 煤矿人工维护需求大，一定程度上影响了集团提出的提产能、降成本目标的落实。

2. 智能照明设计

该煤矿洗煤厂的智能照明控制选用电力线载波通信的智能照明控制系统。系统设备间接线采用的是总线分布式结构，集中控制器与后台控制主机通过光纤连接，各单灯控制器与集中控制器通过电力线通信；采用回路控制开关，各个灯具回路经交流接触器及中间继电器接入到集中控制器的控制回路。整套系统的可靠性高，能够长期稳定运行，通信协议等符合国内及国际标准，其开放性、拓展性高，设备工艺等均处于国内领先水平，并具有分级管理账户，安全性高，可实现功能广泛等特点（图 3.69）。

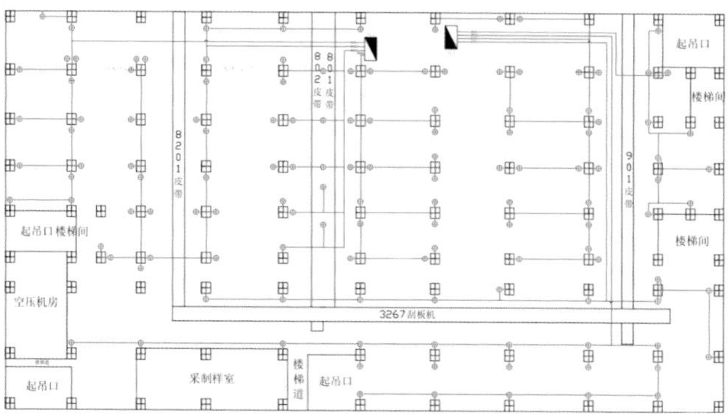

图 3.69　工厂灯具布置图（图片来源：紫光）

3. 照明控制策略

（1）回路控制

通过回路控制方式，每个集中控制器可以控制 6 个回路，能实现对不同回路灯具的远程开关控制；集中控制器与电脑后台主机间的通信采用光纤通信（图 3.70）。

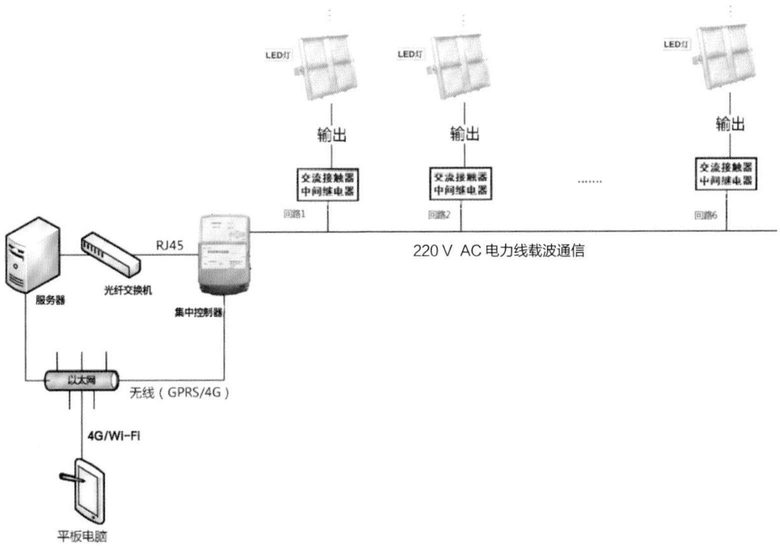

图 3.70　回路控制系统图（图片来源：紫光）

（2）单灯控制

单灯控制系统如图 3.71 所示。

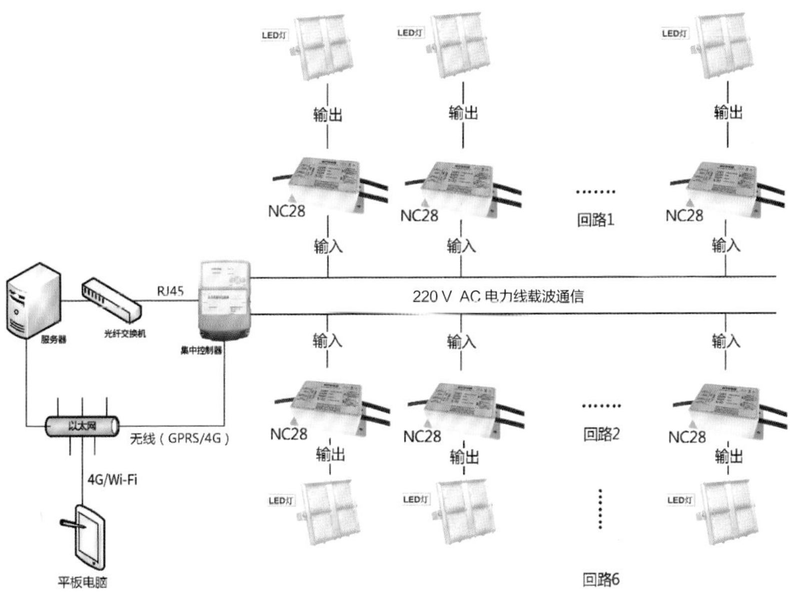

图 3.71　单灯控制系统图（图片来源：紫光）

第四章

PLC 户外类场景应用

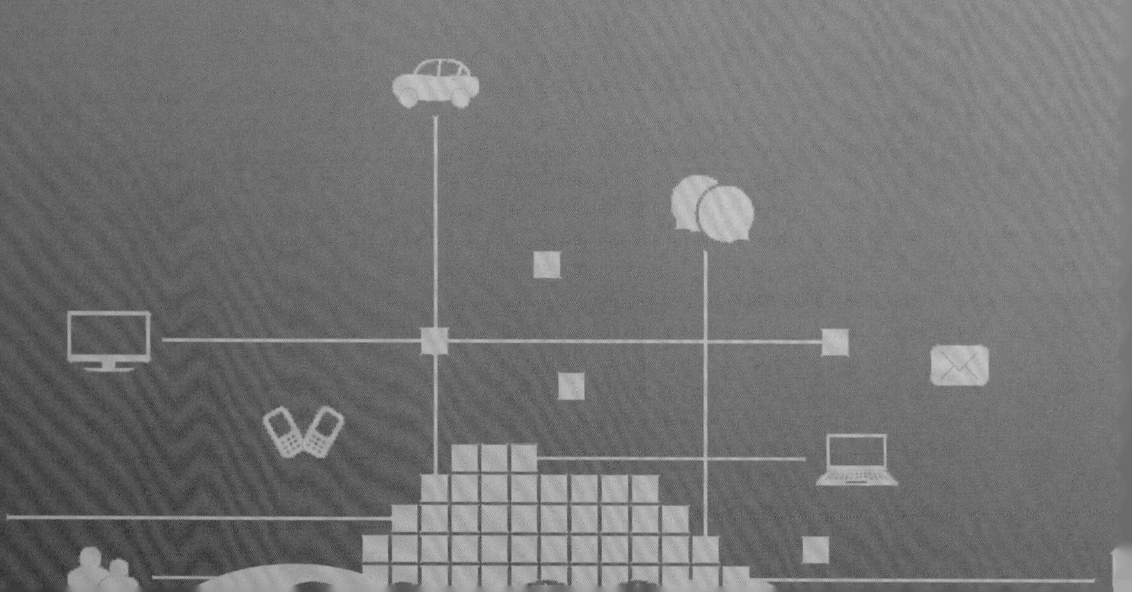

一、PLC 系统在户外类场景应用的概述

（一）在户外应用领域，为何电力线载波通信（PLC）方式更适用

任何一种通信技术都具有其独到之处，能在特定的应用场景下发挥所长就是最优的选择。而户外应用领域，正是电力线载波通信（PLC）的擅长领域之一。

在信道方面，电力线载波通信专电专供，更容易避开固有噪声，并且相较于无线通信信号容易被遮挡物影响，电力线载波通信信号稳定、抗干扰性也更好。电力线载波通信可以使用原有电力线，无须破路开挖管线，特别适合通信线路布设要求严苛的场景。在户外应用场景中，从易用性、经济性、稳定性等方面综合考虑，电力线载波通信无疑是实用性最强，也是成本和实现效果最优的通信解决方案。

（二）安装施工阶段对比

目前窄带电力线载波单灯控制器在安装施工阶段均较为烦琐、人力成本高。使用宽带电力线载波通信（BPLC）芯片后，单灯控制器的人工输入减少，大大节省了人工成本。

（三）运营维护阶段对比

在使用 PLC 智慧照明管理解决方案后，基于 PLC 技术提供的高带宽、低延时和低干扰的优势，户外照明维护单位能够在毫秒级时间单位内接收到路灯故障报警信息，从而进行及时抢修，大大提高了亮灯率和运维管理效率。

针对不同的户外场景开发的智慧照明管理系统，采用 PLC-IoT 宽带电力线载波通信技术，使得配套硬件能够高效赋能户外场景，二次节能、智能控制、智慧运营等不再是难事。随着新基建的深化推动，PLC 将为户外照明界提供更多场景。

接下来的内容将对 PLC 在户外各路场景中的支持和深化服务，详细举例阐述。

二、案例解析

（一）福州市平潭县城市照明网随电通赋能

本项目是平潭环岛路项目，涉及 2 条道路，共 25 km，双向 6 车道，双向 2 辅非机动车道（环岛东路，环岛南路）的 2231 根智能路灯节能改造。

1. 改造前存在的问题

① 手动、光控、时控组合控制方式易受自然环境和人为因素影响。

② 无法远程修改开关灯时间，如遇突发及重大事件无法及时开关灯。

③ 根据不同时段的亮度需求，无法做到分时段和分组调光，光源功率低。

④ 路灯设备状态监测缺乏主动性、及时性和可靠性。

⑤ 依靠人工巡检亮灯情况不仅费时费力，而且运维成本高。

⑥ 设备发生故障或丢失无法及时发现，存在巨大安全隐患。

⑦ 配电箱回路和灯杆发生漏电时，查找定位困难。

2. 改造后的 PLC智慧路灯系统

改造后的 PLC 智慧路灯系统如图 4.1 所示。

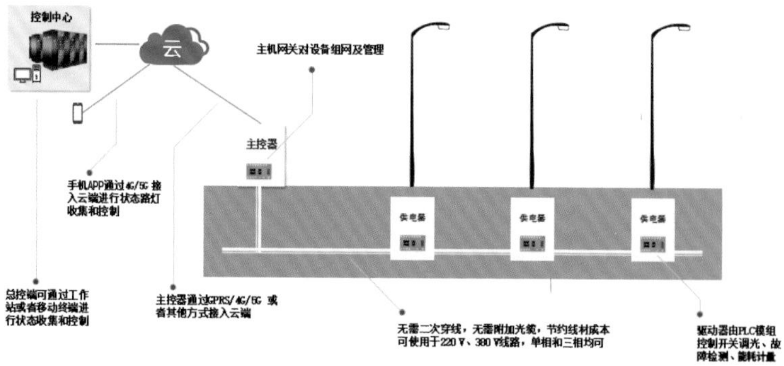

图 4.1　项目 PLC 智慧路灯系统图

3. 改造使用的 PLC照明控制核心体系的硬件

（1）宽带载波单灯控制器

① 产品功能：灯具拉合闸控制、电参量采集、故障判断、电力线载波通信、数据掉电保存、漏电检测、0～10 V 无极调光、OTA 在线升级、ID 自动归属、阈值设定功能等（图 4.2）。

图 4.2　单灯控制器产品

② 产品特点：带宽增加 10～100 倍，通信速率提高 20～200 倍，频点 2 MHz ～12 MHz，避开电网 99% 以上的干扰频点；在众多宽带芯片中性能最强，且芯片在国网抄表领域有超过 2.5 亿片的应用；采用电力行业对电力仪表的设计理念，遵从国家推荐性标准《电磁兼容试验和测量技术》（GB/T 17626）；单灯具备业内体积最小、功能全，抗干扰性能优秀的特点。

③ 性能亮点：传输频率在 2 MHz ~20 MHz 之间；抗干扰性强，处于高频区域，相较于窄带载波，噪声干扰可降低 50～100 倍；传输距离远，点对点通信距离高于 1 000 m；快速组网，1 分钟内完成 300 个设备入网；实时性强，支持毫秒级通信，实时调光、实时灯具故障检测、实时灯杆漏电监测；安全可靠，搭载 PLC-IoT 芯片，国产化技术的专利产品，通信安全；通信兼容，未来可支持不同品牌设备的互联互通（图 4.3）。

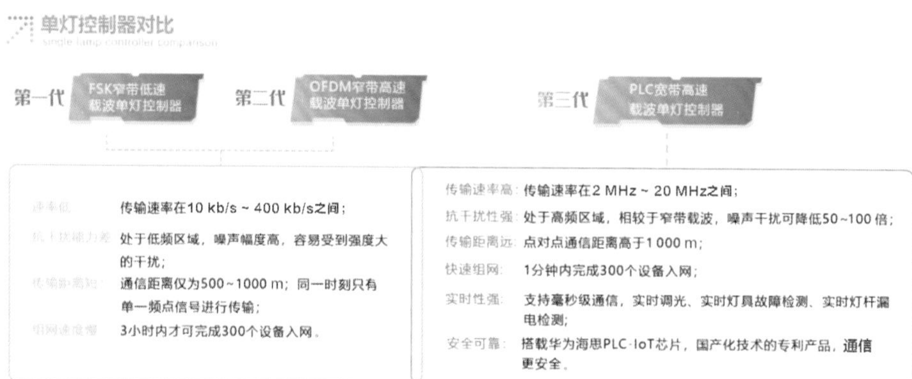

图 4.3　单灯控制器性能对比

④ 安装方式：采用稳定先进的电力线载波通信技术，仅需在灯头或路灯检修孔安装单灯控制器，即可实现对单盏路灯进行开关和调光控制，如图 4.4 所示。

放置于路灯检修口

放置于灯头

图 4.4　单灯控制器安装现场

（2）宽带载波集中控制器

① 产品功能：人机界面为液晶屏、运行参数采集监控、远程单灯控制、照明配电箱控制管理、12 路模拟输入、4 路输出口、内置 4G 和 RJ45 通信、支持本地和远程维护、管理升级等。

② 产品特点：符合国家电力设备行业标准，工业化程度高、可靠性高；产品集成度高、体积小，便于安装调试；通信模块与开关量采集模块支持热插拔，方便用户更新设备组件；自带 RS485 通信接口，扩展性好；内置大容量非易失存储器，保证数据安全；支持远程和现场固件升级。

③ 性能亮点：可操作性强，采用 160×160 点阵液晶屏显示，界面简洁、设置及操作简单易懂；可独立运行，微机或通信线路发生故障时，终端会自动进入保护程序，以确保路灯照明线路的故障不扩大从而减小损失、正常运行；设备可断电运行。终端内装有不间断电源，具有断电运行功能，能在供电线路断电时及时警告；自带 12 路开关量检测，可扩展至 140 路；宽带载波通信，传输速率在 2 MHz ~ 20 MHz；控制器配备多种软硬件抗干扰措施，确保设备不受环境的干扰；终端所有工作参数都可通过终端、中控微机中的设置软件包以及手机 APP 进行在线设定和修改。

（3）宽带载波智能控制终端

① 产品功能：7 英寸触摸屏、运行参数采集监控、远程单灯控制、照明配电箱控制管理、8 路模拟输入输出口、内置 4G 和 Wi-Fi 及 RJ45 通信、支持本地和远程维护、管理升级等（图 4.5）。

图 4.5　智能控制终端产品

② 产品特点：符合国家电力设备行业标准，工业化程度高、可靠性高；内置 4G、Wi-Fi、RJ45 通信模块，方便用户选择合适的通信模式；可实现工业路由功能，实现 2 路局域网接入和视频数据的采集和上传；支持高级路由器功能，可实现常用 VPN 和内网穿透功能；支持断电、断网续传和数据自动补发功能，保证数据完整性。

③ 产品亮点：可操作性强，7 英寸触摸屏，界面简洁、设置及操作简单易懂；新型 7 英寸屏控制器，融合了智能网关、传统集中器的功能，并具备更强算力，部分主站功能下沉到独立的配电柜侧的集中控制器，实现边缘侧计算功能；可扩展性强，标准 Linux 智能操作系统，开放二次开发功能；兼容性强，兼容采集现场其他协议的监测数据，实现与生态环境监管部门平台联网；抗干扰能力强，控制器配备多种软硬件抗干扰措施，确保设备不受环境的干扰；控制器所有工作参数都可通过终端、中控微机中的设置软件包以及手机 APP 进行在线设定和修改。

④ 安装方式：在控制箱安装照明控制终端和三相计量模块，可实现各种用能数据采集，改造实施便捷、投入成本较低。如图 4.6 所示。

安装在配电柜中

通过加装单独的柜体放置于电控柜外部

图 4.6　智能控制终端现场安装

（4）三相计量设备

① 产品功能：实现对低压三相四线制线缆的电参量采集，实现电参量计量及事件记录。可配合照明控制终端或 7 英寸屏控制器进行线路电参量计量。

② 安装方式如图 4.7 所示。

安装于配电柜中

图 4.7　三相计量现场安装

4. 改造使用的PLC照明控制核心体系的智慧化管理平台

智慧化管理平台可针对各种户外照明场景进行定制化服务，满足各种路灯在线监测控制及现场巡查、日常养护、管理等业务工作，并提供远程监控、移动监控、集中管理等；提供应急指挥、设备管理、运行数据、数据分析等功能，对其辖区内路灯系统进行分级权限管理和分级控制；未来可扩展接入智慧市政管理平台，实现智慧市政。

建设中，公共照明资产从生产、出库安装、运营维修到最后的报废，所有的生命周期都会在系统中录入资料备档（图 4.8）。

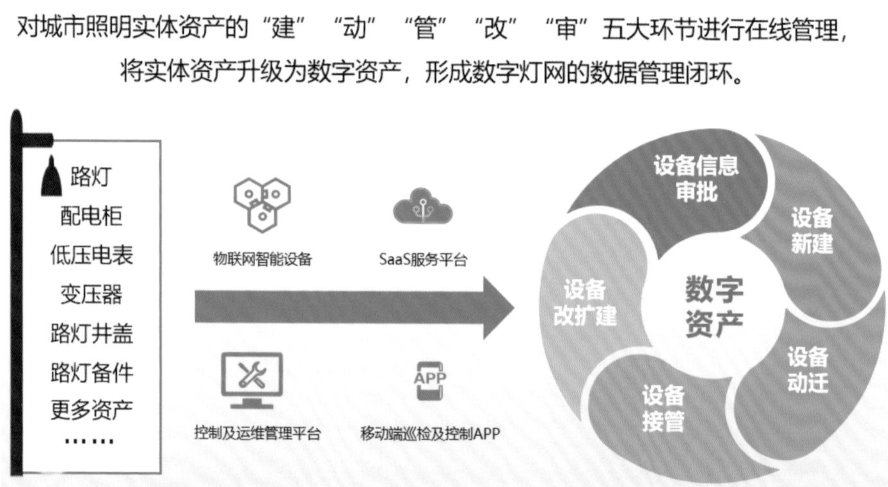

图 4.8　城市照明资产数字化精细管理示意

建设后，公共照明资产在使用的过程中采集的运行数据、故障类型、运维记录，都会在平台上记录。

通过对设备运行状态的大数据分析，可以判断出设备故障隐患，客户还可根据需求筛选自身需求的路灯类型进行采购（图 4.9）。

图 4.9 城市照明资产管理系统功能描述

（1）系统架构

系统架构如图 4.10 所示。

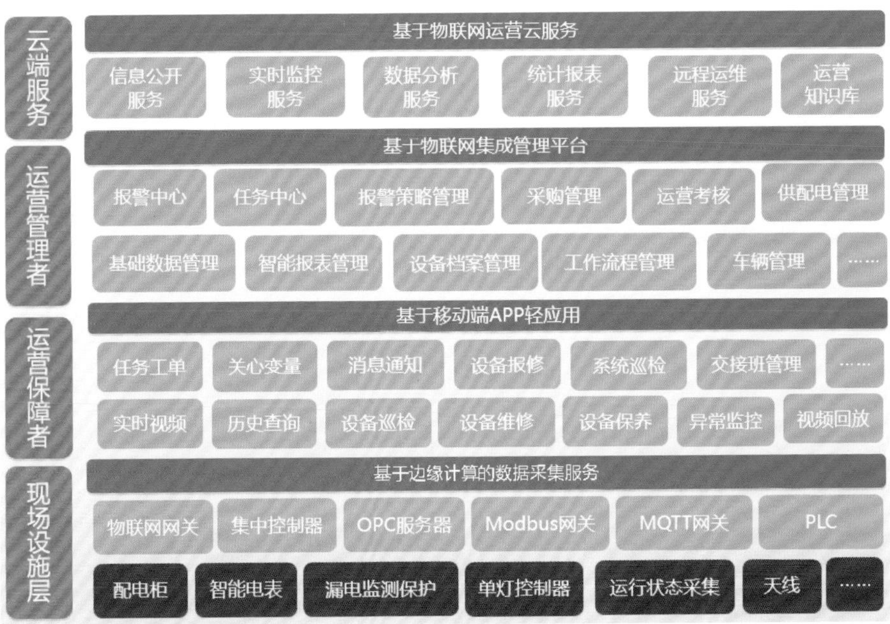

图 4.10 城市照明智慧管理系统功能

（2）智能管控步骤

①设备采集、通信传输。

②统一数据规范、统一数据接口。

③数据整理、趋势呈现、事前预判。

④制定策略、异常预警、建立标准。

⑤人工智能、数据分析。

⑥灯具评价、安规评价、效果评价。

（3）平台核心能力

①日常运维管理。

②一物一码（二维码一键扫码），一台平板电脑就能覆盖全路段的设备管理（设备报修、维修、保养和相关档案查看），操作方便、可靠（图4.11～图4.13）。

图4.11　城市照明智慧管理系统平台工作流程

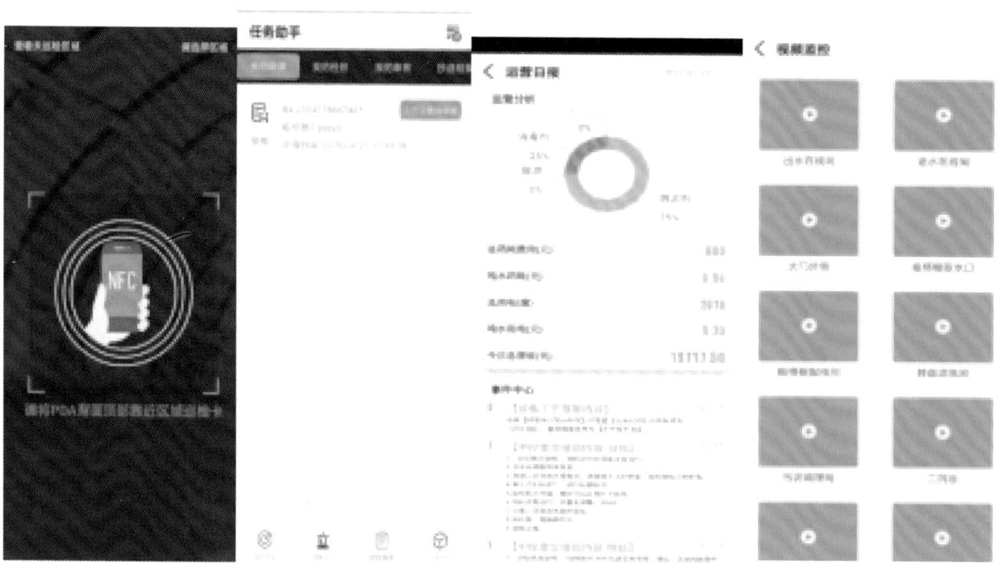

图4.12　城市智慧管理系统平台移动端APP功能展示

图 4.13　城市智慧管理系统平台大数据分析报表设计功能展示

5. 项目现场改造实施情况

（1）PLC设备的安装

集中控制器安装于配电箱内（图 4.14），实现远程和集中控制及配电箱状态监测；单灯控制器安装于灯头或者灯杆的检修口内，实现单灯单控及状态监测等功能。

图 4.14　PLC 硬件设备现场安装

（2）城市照明智能控制平台实时数据展示

城市照明智能控制平台实时数据展示如图 4.15 ~图 4.19 所示。

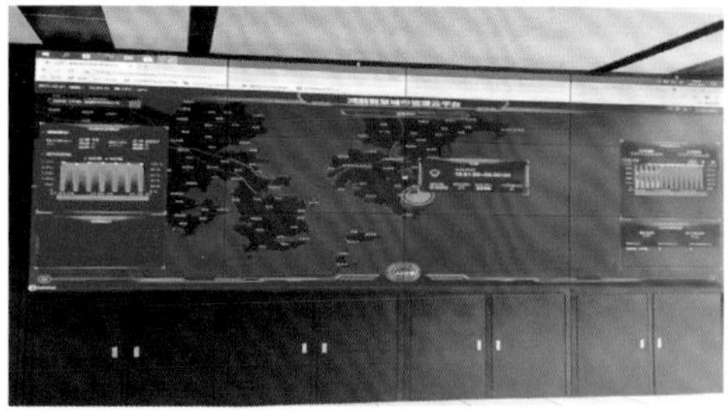

图 4.15　中央控制室现场调试平台数据展示

图 4.16　项目现场路灯实施亮灯率展示

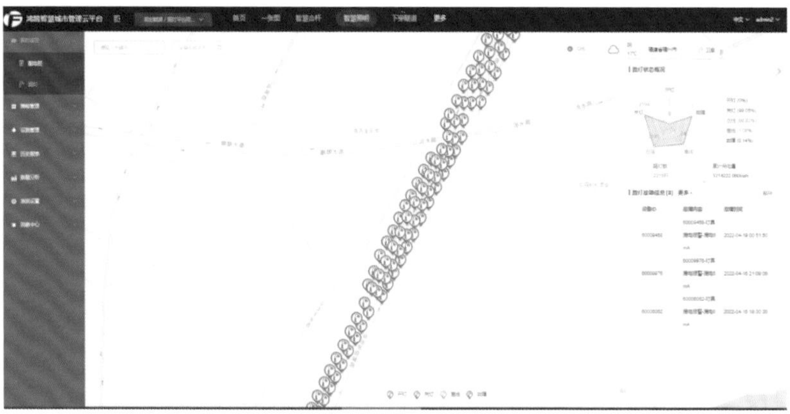

图 4.17　项目现场路灯故障上报数据展示

图 4.18　项目现场路灯故障解决数据展示之一

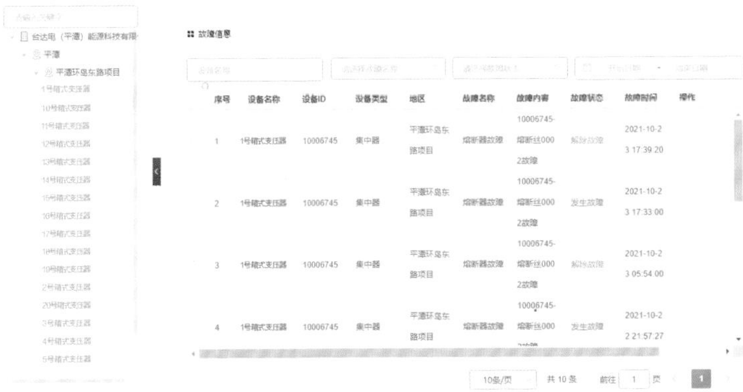

图 4.19　项目现场路灯故障解决数据展示之二

6. 项目总结

平潭县环岛路灯节能改造项目的智慧照明控制管理采用 PLC 组网通信，助力当地市政照明实现数字化、精细化、集约化管理。项目改造后，全面提升当地路灯精细化管理水平，特别总结出以下 3 点突出变化：

① 单灯控制器刷新率提高到 5 分钟 1 次，实现 100% 硬件状态及能耗监测。

② 故障发生后信息可及时上报至平台，并准确定位故障点位，维护人员根据故障类型和故障点位可及时进行维修，极大地提高工作效率并节约维护成本。

③ 通过策略配置提高节能率，直观体现能耗对比，月度亮灯率达 99% 以上，月度节能率达 67%，降低了路灯照明的费用开支，使照明效果有质的提升，达到经济效益与节能减排双丰收。

（二）湛江市湛江港高杆灯智能照明改造

1. 项目概况

本次湛江港第三分公司堆场高杆灯智能照明改造方案，选用电力线载波通信方式的智能照明控制系统，系统设备间的通信直接通过照明电路实现。

各个灯具回路经交流接触器及中间继电器接入到集中控制器的控制回路端口。整套系统的可靠性高，能够长期稳定运行，通信协议等符合国内及国际标准，开放性、拓展性高，设备工艺等均处于国内领先水平，并具有分级权限管理账户的功能，安全性高，可实现功能广泛。

2. 项目改造前存在的主要问题

① 不能实时控制：由于控制方式单一，无法实现对不同灯型、不同区域、不同时间段的照明设备进行分类控制，导致资源分配不合理，造成大量的电能浪费。

② 无法及时开关灯：现行控制方式在恶劣天气时（如强阴天）不能自动开关灯，有作业的时候需要人工手动去开关灯，无法及时、灵活控制，影响作业进度。

③ 信息不能反馈：照明系统的各种信息无法反馈到管理部门，如灯具的电压、电流、耗电量、灯具的故障信息等，造成管理部门不能及时掌握照明实况。

④ 电能浪费严重：采用人力开关方式控制的照明系统，因为每天需要现场手工开、关灯，所以导致亮灯周期长或者不能及时亮灯。而采用时间控制的照明系统，因不能随季节自调，电能浪费严重。

⑤ 发现故障不及时：当灯具发生故障时，信息无法及时传递给管理部门，依靠维护人员定期巡检或者人工作业反馈，除需增加人力、物力、财力外，会因故障情况不明而延误抢修时间，影响夜间照明，给作业造成很大不便。

3. 改造方式——智能照明电力载波技术

（1）智能照明监控系统

该智能照明监控系统基于电力线载波通信技术，智能照明监控系统控制终端能使用电脑和手机双重控制方式。按客户需求，都按回路控制来实施。以下是方案拓扑图（图 4.20）：

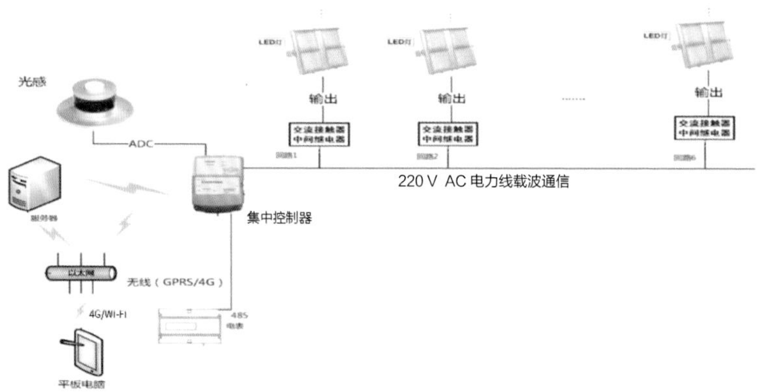

图 4.20　智能照明监控系统方案拓扑图

通过回路控制方式更为简洁，能实现对不同回路灯具的多方位控制；集中控制器与电脑后台主机间的通信采用 GPRS/4G 网络通信，即为集控器配置 SIM 卡，通过运营商网络通信，无须再敷设别的线路。

（2）配电箱布线

配电箱布线实景图如图 4.21 所示。

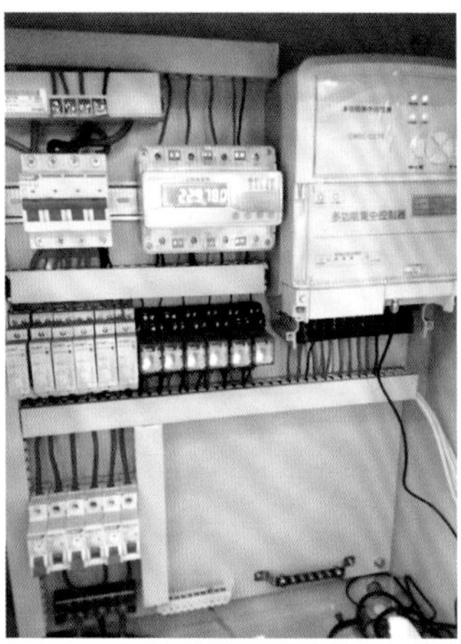

图 4.21　配电箱布线实景

（3）功能实现说明

对湛江港第三分公司堆场高杆灯具实现远程控制，感光控制，定时灯具开关。

实现方式：

① 金卤灯区域：每座高杆有上层 9 盏 1 000 W 灯具，中层有 9 盏 400 W 灯具，分为 6 个回路，上层每个回路功率各为 3 000 W，中层每个回路功率为 1 200 W，共 13 座高杆。

② 高压钠灯区域：每座高杆有上层 9 盏 1 000 W 灯具，中层有 9 盏 400 W 灯具，分为 6 个六回路，上层每个回路功率各为 3 000 W，中层每个回路功率为 1 200 W，共 8 座高杆。

③ LED 灯具区域：每座高杆有上层 9 盏 400 W 灯具，中层有 6 盏 300 W 灯具，分为 5 个回路，上层每个回路功率各为 1 200 W，中层每个回路功率为 900 W，共 6 座高杆。

由于现场相邻灯塔之间不方便布放新的电力电缆，因此在每个高杆 1 ~ 1.2 m 高处安装一个新的照明配电箱，每个照明配电箱内配置集中控制器，集中控制器配备 SIM 卡，通过 GPRS/4G 通信方式与系统后台服务器通信，每个集中控制器可控制 6 个回路。在智能照明控制系统后台，依据时间设置不同时间段全部回路灯具打开或者关闭，如白天灭灯，夜间全部回路灯具打开，实现定时开关；依据照明需求情况，可通过后台控制使部分回路灯具打开、部分回路灯具关闭；当使用传感器检测到照度小于设定标准时，电路通电，各个回路灯具通电；当使用传感器检测到照度大于设定标准时，灯具回路电源断电；工作状态下可人为切换为自动控制或者手动控制。

4. 智能控制系统设备参数

（1）CWEC-CC70 集中控制器

CWEC-CC70 集中控制器是一款智能路灯集中控制设备，通过整合电力线载波通信技术、GPRS/4G 无线通信网络技术等实现对城市道路照明设备的远程智能化管理，其主要功能有：

① 支持三相五线制 AC 供电。

② 支持 GPRS、TCP/IP、电力线载波通信（PLC）。

③ 支持短信通知功能。

④ 支持 RS485 功能。

⑤ 支持 8 路开关量检测功能。

⑥ 支持 ADC 采样功能。

⑦ 支持回路输出控制功能。

⑧ 支持经纬度控制、时间控制、感光控制等功能。

⑨ 支持手动控制。

⑩ 支持自动校时功能。

⑪ 支持本地及远程升级功能。

⑫ 支持脱机自动运行。

集中控制器产品安装如图 4.22 所示。

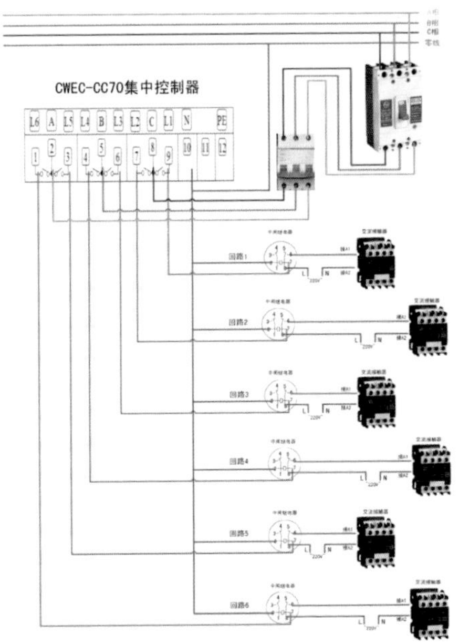

图 4.22 集中控制器产品安装图

（2）CWEC-NC28单灯控制器

CWEC-NC28 单灯控制器是一款智能路灯控制器，其以电力线载波通信技术为核心，配合专业的硬件和软件设计，通过智能控制系统可远程对 LED 灯具进行开、关灯，查询、调光等智能控制，其主要功能有：

① 电源电压AC为85 ~265 V，频率为 50 Hz。

② 具备过压保护功能。

③ 开灯、关灯。

④ 0 ~100% 无极调光。

⑤ 故障报警：欠载、过载、异常开关等。

⑥ 数据查询：实时电压、电流、功率因素等参数。

⑦ PWM：0 ~ 10 V 电压调光。

⑧ 电力线载波通信符合 EIA-709.1、EIA-709.2 等国际标准。

5. 改造后照明效果图

改造后照明效果如图 4.23 所示。

图 4.23 改造后照明实景

6. 照明系统节能化改造的总结

① 可实时控制：照明系统和控制系统有感光控制、经纬度时控、时间表控制等对照明灯具回路的控制，对不同的回路，不同时间段的照明灯具进行分类照明控制，资源分配合理，能合理利用电能资源。

② 能及时开、关灯：当使用传感器检测到照度小于设定标准时，依据后台设置的场景模式，让各个回路的灯具供电，及时打开灯具；当使用传感器检测到照度大于设定标准时，灯具回路电源断电；后台还可以依据需求设置不同时间段等方式。

③ 信息及时反馈：通过智能电表对各个回路的数据收集，在后台或者手机可清晰地了解照明系统各个回路的电压、电流等情况。

④ 电能合理使用：采用照明智能控制系统，可根据现场作业需求，在后台设置及时打开灯具；在没作业时候，可及时关闭其中回路的灯具，还可设置经纬度控制、定时控制等控制场景，实现电能的合理使用。

⑤ 回路故障报警：当回路的灯具出现故障、断路等情况，能及时上报到后台，让管理人员及时了解到故障回路的信息等，及时解除故障问题。

⑥ 可手动切换原有的照明系统和智能控制系统，不影响照明系统的使用。

（三）杭州市隧道智慧照明方案设计

1. 项目简介

项目位于浙江省杭州市，为新建项目工程，属于浙江省“十四五”规划的重点示范项目，也是浙江省交通集团在探索高速公路数智化管理的一次成功实践。当前隧道照明通常为人工手动操作，人力巡检管理，每天 24 小时全程 100% 亮灯，每年需承受巨大的能耗费用与管理费用，经过设计后，升级了一整套智慧照明解决方案，灯具全部采用 LED 灯具，采用四级照明控制方式，1800 套 15 W 的 LED 灯具用于基本照明控制，100 套 40 W 及 50 套 110 W 灯具用于加强照明，1300 套 5 W 蓝色灯具用于人工智能联动警示照明。所有灯具内部电源使用 PLC 智慧电源控制。在大大节省能耗及人工成本的同时，也提高了照明系统的舒适性、便捷性。

2. 当前隧道照明存在的问题

① 当前隧道多为手动控制方式，通过人的主观判断，现场手动对隧道照明亮度进行控制。面对突发天气、突发交通状况无法实现远程控制，此种控制方式使得运营单位的工作人员每天的工作量非常大。

② 当前隧道内所有灯具的亮度保持一致，无法对不同区域、不同路段进行区域个性化控制。洞口亮度与洞内亮度一致而与洞外亮度不一致，司机开车进出隧道时会造成较强的视觉冲击，易发生事故。

③ 当前隧道内对车流量和天气变化的感应，只能通过人为主观判断，然后现场手动控制，无法实现自动化联动控制，耗时耗力。

④ 当前隧道设备的健康状态需要运营人员每天去现场巡检，及时性差、故障定位困难、运营成本高。

3. 参考规范

《公路 LED 照明灯具　第 1 部分：通则》（JT/T 939.1—2014）、《公路 LED 照明灯具　第 2 部分：公路隧道 LED 照明灯具》（JT/T 939.2—2014）、《公路 LED 照明灯具　第 5 部分：照明控制器》（JT/T 939.2—2014）及《灯具一般安全要求与实验》（GB 7000.1—2002）。

4. 照明控制设计方式

（1）系统结构设计

隧道照明系统结构设计如图 4.24 所示。

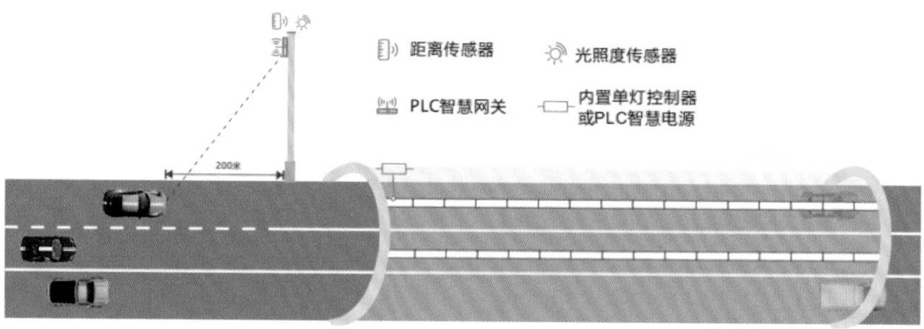

图 4.24　隧道照明系统结构设计示意

① 使用 PLC 智慧电源，无须增加额外的单灯控制器，节省成本，方便安装。

② 增加光照度传感器，对灯具进行实时亮度调节。

③ 增加雷达距离传感器，感应车流量情况，做到车来提前开灯，车走延迟将灯的亮度调至 20%。

④ 每个配电箱处安装集中控制器，保证设备与集中控制器的通信情况，一台集中控制器可负载 500 台智慧电源，即管控 500 盏灯。

⑤ 搭载智慧照明管控云平台系统，可通过云平台统一管理实现远程控制、节能监控每一台设备的运行状况，预设不同的场景模式，自动切换，实现真正的智能化管理。

⑥ 灯具包含 15 W，约 5400 套，用于基本照明控制；40 W，约 300 套，用于隧道内中间路段用于加强照明；110 W，约 150 套，置于隧道出口位置，灯与灯的间距较远，保证洞内与洞外的亮度协调；5 W，蓝色，约 3900 套，用于做人工智能联动控制警示灯。全部灯具使用 PLC 智慧电源控制。

（2）关键核心产品—— PLC智慧电源

PLC智慧电源产品如图 4.25 所示。

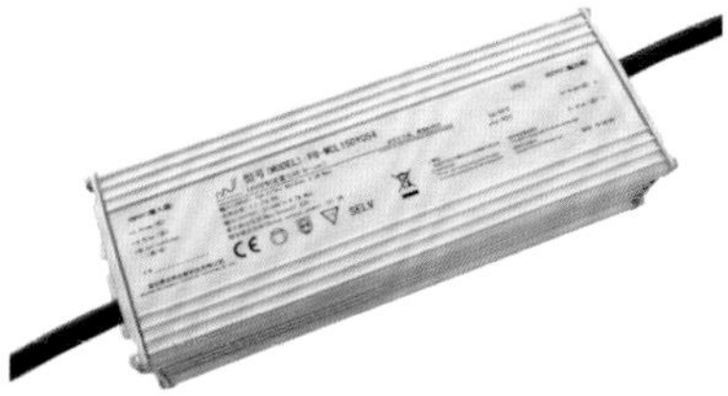

图 4.25　PLC 智慧电源产品

优点：

① 电源与单灯控制器合为一体。

② 最新一代 PLC-IoT 通信技术。

③ 一线电源品牌商制造。

④ 全功率覆盖。

⑤ 0.2% 高精度电能计量。

⑥ 恒功率设计，覆盖灯具范围更广。

（3）照明控制模式

① 基本照明控制：隧道内基本照明的特点是工作时间长，需要 24 小时持续照明。根据这一特点，在设计基本照明亮度时需要考虑足够的冗余量。但在使用时，并不需要将设计冗余部用上，即满功率工作；而是需要多少功率就提供多少功率。未来若干年内，当灯具出现一定的光衰时，可通过控制系统相应增加灯具的输出功率，使隧道内的基本照明强度始终都能满足规范要求而又不会产生过度照明。

② 加强照明控制：隧道加强照明灯具早晨开启和晚上关断的时间以及灯具开启后的亮度调节均由控制系统进行控制。控制系统根据检测到的隧道外亮度数据，经计算后去控制洞内灯具的输出功率。这种自动跟踪洞外亮度，调节洞内亮度的照明方式，有效避免了过度照明，实现了按需照明的目标，最大限度地节约了电能。根据车流量控制时段设置，自动调整亮度。根据隧道外光照度传感器实时光照值，实时调整隧道内亮度。夜间根据隧道入口外 200 m 处红外、雷达探测器（交警违章抓拍）检测来车，和隧道内、隧道出口检测到的信息，来实时分段控制调整隧道内亮度，无车时维持高节能模式（图 4.26）。

图 4.26　加强 PLC 照明控制后的隧道实景

③ 应急照明控制：隧道的应急照明灯具又兼做基本照明灯具，均由 EPS 应急电源供电。由于当市电断电时控制装置瞬间将基本照明灯具的功率同步控制到额定功率的 15% 左右，因此在市电断电情况下，应急照明的配光特性与原先的基本照明相同，最大限度地避免交通事故的发生。当隧道内发生交通事故或检修时，启动事故应急照明模式。当隧道内有雾、灰等视线不佳状况时启动雾天应急照明模式，联动通风系统。

④ 人工智能联动照明控制：当隧道内摄像头识别到存在非法违停、紧急停车、意外火灾、车辆相撞等场景时，触发报警，启动人工智能联动照明控制模式，在故障地点上方路段的蓝色警示灯开启并闪烁，用以提示隧道内其他车辆注意行车（图4.27）。

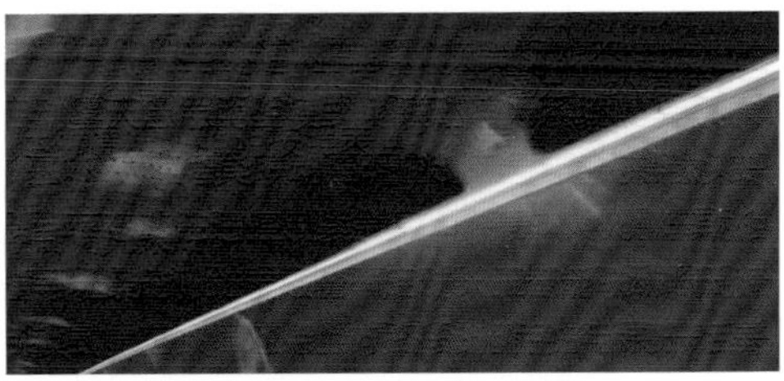

图 4.27　人工智能联动照明控制的隧道实景

（4）照明控制策略

隧道照明针对不同的应用情况、环境使用和运行情况，照明按照表 4.1 和表 4.2 执行：

表4.1　隧道照明控制调光策略

洞外亮度L（cd/m^2）	交通量Q [辆/（小时 · 车道）]	亮度输出（%）
$L\geqslant3500$	$Q\geqslant1200$	100
	$350<Q<1200$	$[(Q-350)/850+0.025]\times L/L_{th1}$
	$Q\leqslant350$	$L\times0.025/L_{th1}$

续表4.1

洞外亮度L（cd/m^2）	交通量Q [辆/（小时·车道）]	亮度输出（%）
L<3500	$Q \geqslant 1200$	$L/3\,500$
	$350<Q<1200$	$[(Q-350)/850+0.025] \times L/L_{th1}$
	$Q \leqslant 350$	$L \times 0.025/L_{th1}$
基本照明调光策略	$Q>350$	100
	$Q \leqslant 350$	$L/L_{in} \times 100$

注：L_{th1} 为入口段亮度，L_{in} 为中间段亮度。

表4.2　照明控制工况

序号	工况	描述	照明需求
1	正常	交通状况良好，无其他3种工况	按需调光控制
2	养护	养护人员对隧道进行维护	养护隧道洞内最大亮度，其余按需调光控制
3	交通异常	隧道内发生短暂性意外、拥挤、堵塞等	交通异常隧道洞内最大亮度，其余按需调光控制
4	火灾	隧道内发生火灾	洞内最大亮度

5. 智能照明系统介绍

微自然智慧照明系统，以 PLC 宽带通信技术为核心，将电线变网线，支持自动组网搜索和添加设备，具备自动规划设备路径技术，地图管理和查看设备位置，实时监测设备工作状态，异常预警，免布线、易通信，节省成本。

（1）地图监控管理

以地图的形式管理设备，可清晰地看到设备的实际位置，设备的状态如开灯、关灯、离线、告警、故障等，设备资产数据，设备的数量，预警故障、能耗使用的统计结果等，直观反应整个系统和设备运行的当前状态和历史状态（图 4.28）。

图 4.28　地图监控管理平台主界面展示

（2）控制策略

①自动控制：按照平台设置的照明策略，自动运行。

②手动控制：在手机或控制中心点击作业程序动作。

③光照度控制：根据外部光照度采集情况，低于光照度设定值自动亮灯。

④节假日控制：可设定特定某一天、某一时段（节假日）的开关灯时间，以及分组、单灯、节假日控制模式具有优先权。

⑤区域策略控制：隧道不同区域分段控制，如白天洞口的亮度较大，至洞内逐渐变暗，夜晚则洞口的亮度较低，至洞内逐渐变亮，保证驾驶员的视觉不受冲击，减少事故的发生。

⑥雷达距离感应控制：自动感应隧道内每个阶段的车流量情况，做到车来灯亮，车走灯暗，节省能源。

⑦临时执行策略控制：某些设备设定一年中的某几天为执行日期。

（3）数据统计

系统设备的运行情况和分日、月、年详细统计仪表盘显示数据，包括系统设备运行情况、能耗管理、设备故障、设备资产概况、系统日志、系统运营分析、运维分析等（图 4.29）。

图 4.29　平台数据统计功能展示

6. 智慧照明方案的实施

①将智慧照明集中器接在变压器配电箱处，每个配电箱配置一台变压器，每台集中器连接一台回路控制器，一台光照传感器。设备间接线图与现场如图 4.30、图 4.31 所示。

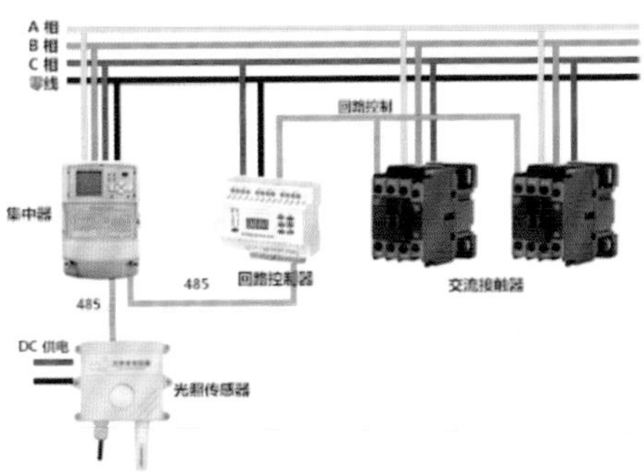

图 4.30　硬件设备接线图

图 4.31　配电柜现场设备安装调试

②由于隧道出口公路灯杆间的距离较远、灯杆较高，选用 50 台 110 W 的 LED 灯安装，保证洞外公路夜间的照明，通过光照传感器感应的外界环境变化，自动调节灯光亮度。做到天黑亮灯，天亮关灯。

隧道出口处路灯安装如图 4.32 所示。

图 4.32　隧道出口处路灯安装效果

③ 隧道内部光线不足，灯具安装位置较低，可使用 LED 灯密集排布；在隧道两边的入口使用 15 W 的 LED 灯具每间隔 2 m 进行布设，作为普通照明；隧道中间位置光线严重不足区域使用 40 W 的 LED 灯具每间隔 2 m 进行布设，作为加强照明；将 5 W 的警示灯均匀安装在隧道内，在出现事故时闪烁示警（图 4.33）。

图 4.33　隧道内现场布设安装

④ 洞口位置及洞内每间隔 200 m 安装一个微波雷达传感器，用于感应车流，做到车来亮灯，车走将灯光亮度调至 20%，节省能源。

7. 隧道智慧照明解决方案的效果

① 延长光源寿命：隧道智慧照明解决方案能成功地抑制电网的浪涌电压，同时还具备了电压限定，过压、欠压保护预警等功能，避免过电压和欠电压对光源的损害。采用软启动和软关断技术，避免了冲击电流对光源的损害。通过上述方法，光源的寿命通常可延长 2～4 倍。

② 区域化管理，调节照度值适应性更强：隧道智慧照明解决方案能区域化管理隧道内不同阶段的光照度，设置不同策略，如白天时洞口位置灯具亮度较高，至洞内亮度逐渐降低，再逐渐升高亮度使洞内亮度与外界环境亮度保持一致性，避免给司机造成较强的视觉冲突，出现事故。

③ 管理维护方便：隧道智慧照明解决方案对照明的控制主要为自动化控制，本地化策略执行，脱网状态下亦能工作，数据统计报表、设备状态实时监控，具备高度的灵活性，系统使用后，可以带来高质量的照明环境，提高整个隧道照明的智能化管理水平。

采用隧道智慧照明解决方案的主要目的是节约能源，借助各种传感设备，对不同时间不同环境的光照度进行精确设置和合理管理，实现节能。利用最少的能源保证所要求的照度水平，节能效果十分明显，一般可达 30% 以上。

（四）吉安市井冈山红色之路智慧提升工程照明设计方案

1. 项目概况

本项目设计范围为井冈山高速连接线，全长共 20.35 km，是井冈山重要的旅游观光带，是红色旅游之路。本项目为双向四车道，路宽约为 16 m，部分路段为单向双车道；急转弯路段较多；因四面环山的地形影响，浓雾天气较多。

项目涉及 3 km 的道路改造提升以及其余路段的路灯新建。根据项目的实际需求，采用电力线载波通信（PLC）照明控制系统，稳定性高，实现了远程管理、智能调光、精准维护、节能减排。

2. 项目改造前存在的主要问题

① 照明方式单一，能耗浪费严重：采用定制控制的方式，但不能随冬夏季节转换而调整，造成冬季开灯过晚而夏季开灯过早的现象，能耗浪费严重。

② 无法实现按需照明：现行控制方式，无法远程修改开关灯时间，如遇重大事件和重大节假日等特殊需求，需人工手动开关，影响作业效率。

③ 依靠人工巡检，发现故障不及时：缺少对路灯状态的实时监测，道路整体亮灯率难以保障，依靠人工巡检费时费力，且难以及时发现故障，运维效率低下、成本高，山路行车安全难以保障。

④ 项目地浓雾天气较多，雾天照明效果难以保障：本项目因四面环山，一年约有四分之一的时间会出现大雾天气，现有的照明灯具及照明控制方式无法保障浓雾天等恶劣天气的照明需求。

3. 改造方式——智慧照明电力载波技术

（1）智慧照明控制系统架构

通过对现有路段照明控制方式不足的分析，结合项目地实际的地形条件和气候条件踏勘分析，为保证照明系统的稳定性和亮灯率，提高照明控制的便利性、便捷性，特采用电力线载波通信（PLC）照明控制系统。

前端感知主要是集中控制器、单灯控制等设备，与监控中心的智慧照明平台进行数据通信，主要实现对道路照明的基础照明数据采集、单灯控制调光、系统告警、工单执行以及大数据分析等功能。

智慧照明控制系统架构如图 4.34 所示。

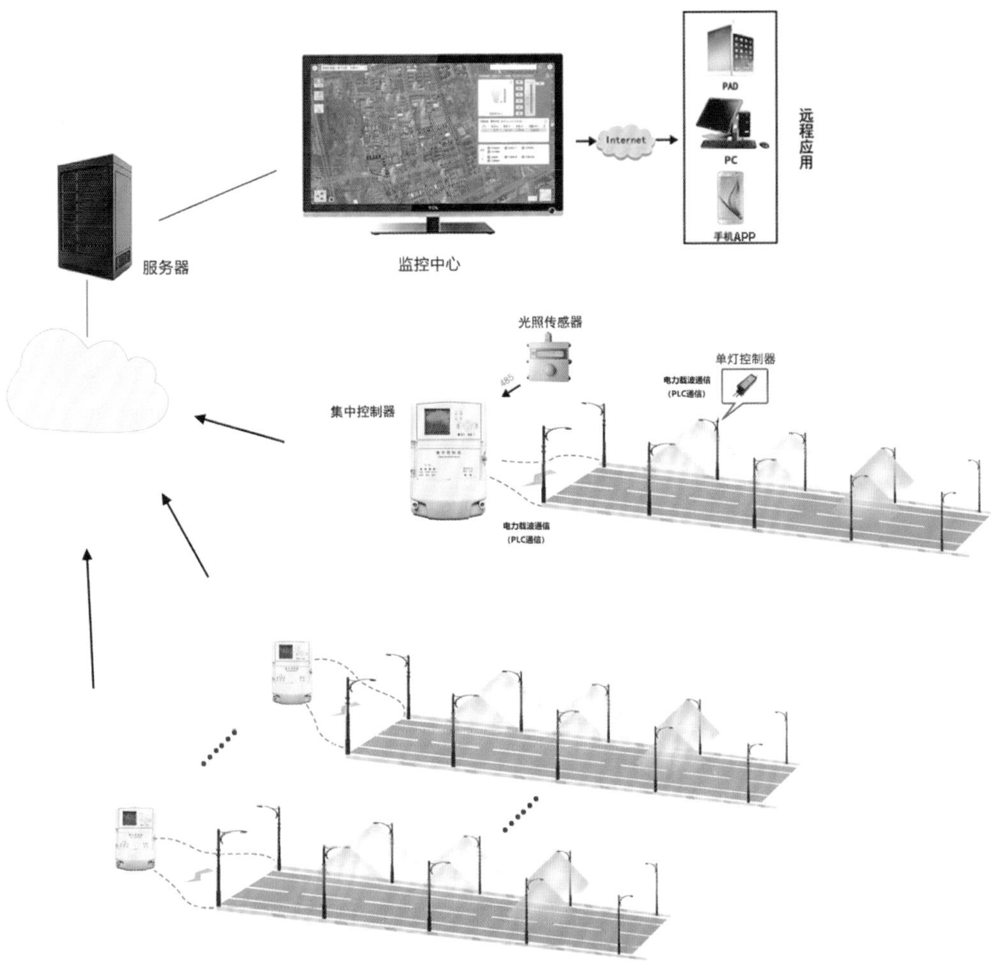

图 4.34 智慧照明控制系统架构

（2）智慧照明控制系统功能

① 远程控制与管理：单灯控制器终端与路灯监控中心双向通信及执行监控中心指示的功能，通过联网实现路灯的智能控制与管理。

② 多种控制模式：定时控制、分时分段、节假日控制等多种控制模式，实现路灯系统按需照明。

③ 多终端联动控制：可根据井冈山地区的经纬度，计算出当地的日出、日落时间，实现日出关灯日落开灯，节能降耗；配合光敏传感装置，可以采集自然环境亮度值并发送给管理平台，当管理平台判断某一预设区域内环境亮度综合评估值低于设定阈值，即下发开灯命令；针对井冈山地区的大雾天气，特地在每个回路安装能见度仪，实现雨雾天气下自动开灯，提供更安全的行驶环境。

④ 数据采集与检测：对路灯灯具及设备的电流、电压、功率等数据进行检测，终端在线、离线、故障状态监测，实现系统故障智能分析。

⑤ 故障监测及告警：灯具故障、终端故障、线缆故障，断电、断路、短路，异常开箱，线缆、设备状态异常等，可根据设定的报警条件主动上报告警。

⑥ 综合管理功能：单灯控制器具有运行和管理数据的存储功能；形成数据报表、运行数据分析、可视化数据、路灯设备资产管理等完善的综合管理功能，管理运维更加智能化。

（3）平台界面部分展示

平台界面展示如图 4.35 ~图 4.39 所示。

图 4.35　平台功能首页

图 4.36　智慧照明数据统计界面

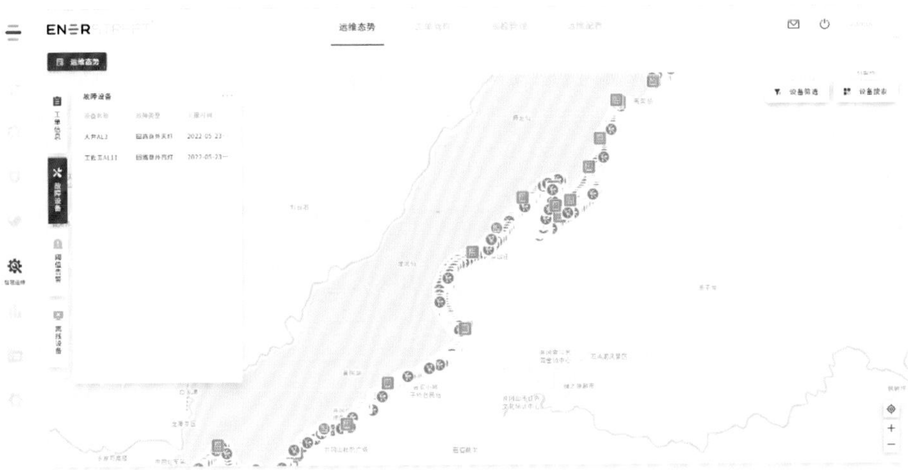

图 4.37　运维态势监管界面

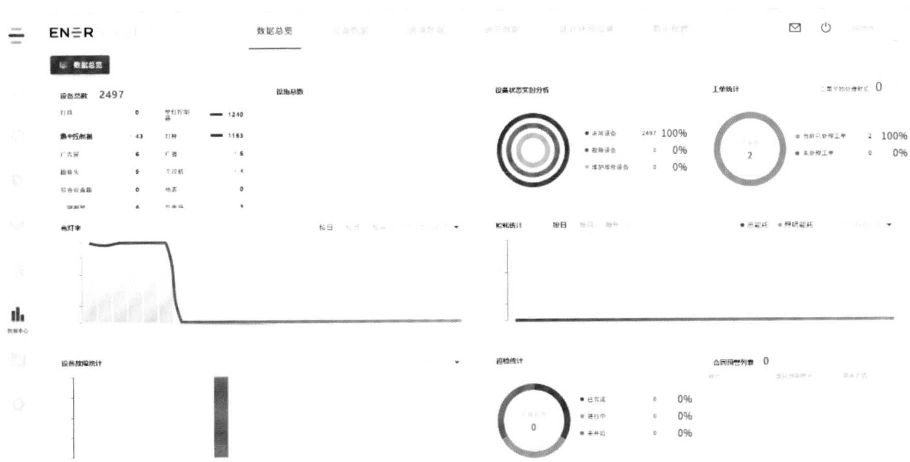

图 4.38　数据总览界面

图 4.39　手机小程序

4. 单灯控制器及集中控制器设备说明

（1）单灯控制器

此款单灯控制器是采用国际先进的物联网技术设计、开发的单灯控制产品（图 4.40）。该系列产品可实时在线监控每个灯杆、每盏灯的运行状态，采用宽带电力线载波通信（BPLC）方式，与照明控制器、集中控制器、监控终端以及控制中心或云端一起，组成智慧照明物联网的三层结构，达到道路照明的自动化控制、精细化管理和节能减排的目的。

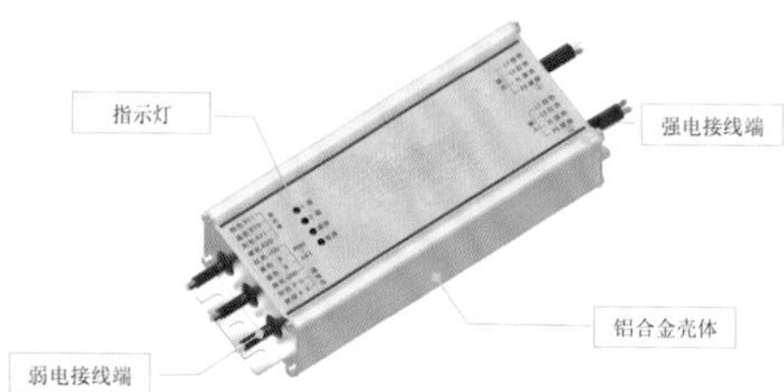

图 4.40　单灯控制器产品

主要功能：

① 通用的安装尺寸，本款单灯控制器可安装在灯杆的检修口内。

② 铝合金外壳，美观实用，内部灌胶，防护等级达到 IP68。

③ 创新单灯控制器的状态指示功能，告别“黑盒子”，方便现场故障判断和状态观察。

④ 通过 Web 版软件、手机 APP 等下达指令可实现片区、街道、间隔和一侧（单、双数）等场景控制，以及主道开灯、辅道开灯、主辅全开、主道调光、辅道调光和主辅调光等控制模式。

⑤ 具有异常开关灯、灯具故障、灯杆漏电、通信失败等报警功能。

⑥ 0 ～ 10 V/PWM 调光输出，用于 LED 路灯调光。

⑦ 变功率控制输出，控制 HID 灯具变功率整流器的动作。

产品性能参数：

① 工作电压：通用电压 AC 85 ～ 265 V，47 ～ 63 Hz。

② 通信方式：宽带电力线载波通信（BPLC）。

③ 输出回路：2 路常规型对应 LED 路灯，常闭触点，AC 250V/3A（阻性负载），定制型对应 HID 路灯，常闭触点，AC 250V/16A（阻性负载）。

④ 电量监测：2 路（头、火）电压、电流、有功功率、无功功率和功率因数。

⑤ 计量精度：有功 1 级，无功 2 级。

⑥ 时钟精度：24 小时时钟误差小于或等于 1 秒。

⑦ 调光节能：2 路 0 ~ 10 V/PWM 调光输出，2 路变功率控制输出。

⑧ 适应条件：环境温度为 -40 ~85 ℃，相对湿度为 10 % ~ 100 %（23 ℃），大气压为 86 kPa ~ 106 kPa。

⑨ 防护等级：IP68。

⑩ 功耗：有功功耗小于或等于 3 W，视在功率小于或等于 5 VA。

⑪ 平均无故障工作时间（MTBF）：大于或等于 50 000 小时。

单灯控制器产品接线如图 4.41 所示。

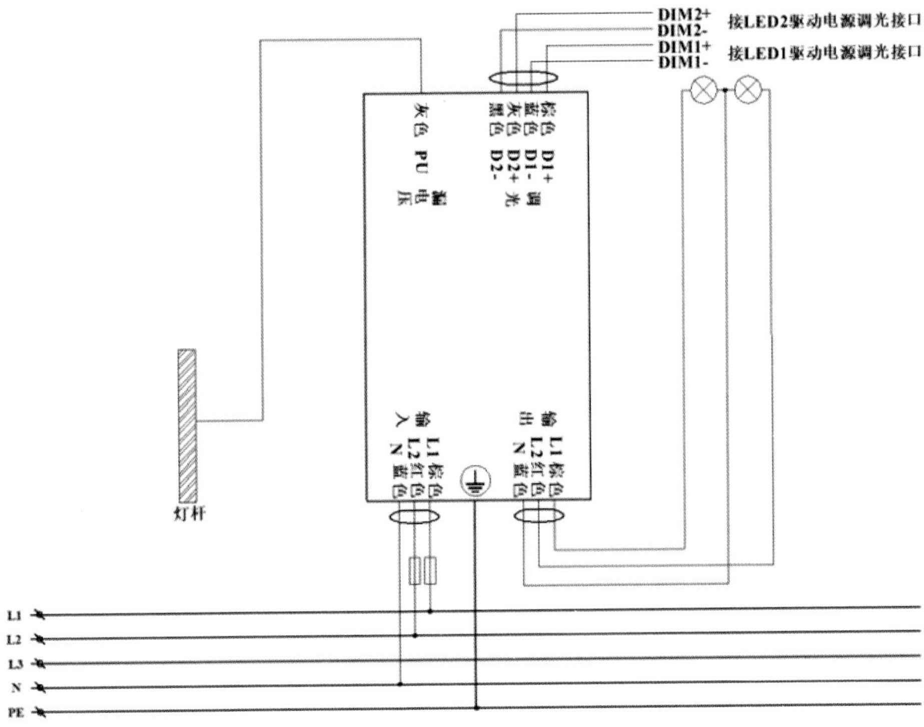

图 4.41 单灯控制器产品接线图

（2）集中控制器

此款照明集中控制器用于夜景亮化和路灯的集中控制以及非公网型单灯的管理，以达到智能控制户外照明和节电的目的。它向上兼容 GPRS、4G、NB-IoT、LTE-Cat.1 等通信方式，与中心站或云平台对接，实现遥测、遥控、遥信等照明集中控制功能；向下兼容 ZigBee 和 PLC 方式，实现单灯管理功能。该系列照明集中控制器整机结构紧凑，外形小巧美观，可方便地安装在各种户外照明的应用场合。

集中控制器产品功能特点：

① 具备遥测、遥控、遥调、自控、报警等先进功能。

② 运行速度快，集成度高，功能强，可靠性高。

③ 采用计量专用芯片，计量功能全，精度高。

④ 采用专用时钟芯片，确保时钟准确。

⑤ 具有内置“看门狗”和防闪灯电路等措施，确保稳定工作。

⑥ 中文 LCD 显示屏和操作按键，方便现场查看和参数设置。

⑦ 通用的 RS-232 接口、RS485 接口、隔离的开关量输入接口和独立的开关量输出接口，方便与外设对接或通信。

⑧ 可根据当地的经纬度自动计算当天的开关灯时间，还具有 7 天开灯计划和默认开灯计划，通信失败时可自主运行实现开关灯。

⑨ 具备开关日志功能。

⑩ 电表一体化结构，结构紧凑美观，方便安装。

集中控制器产品接线如图 4.42 所示。

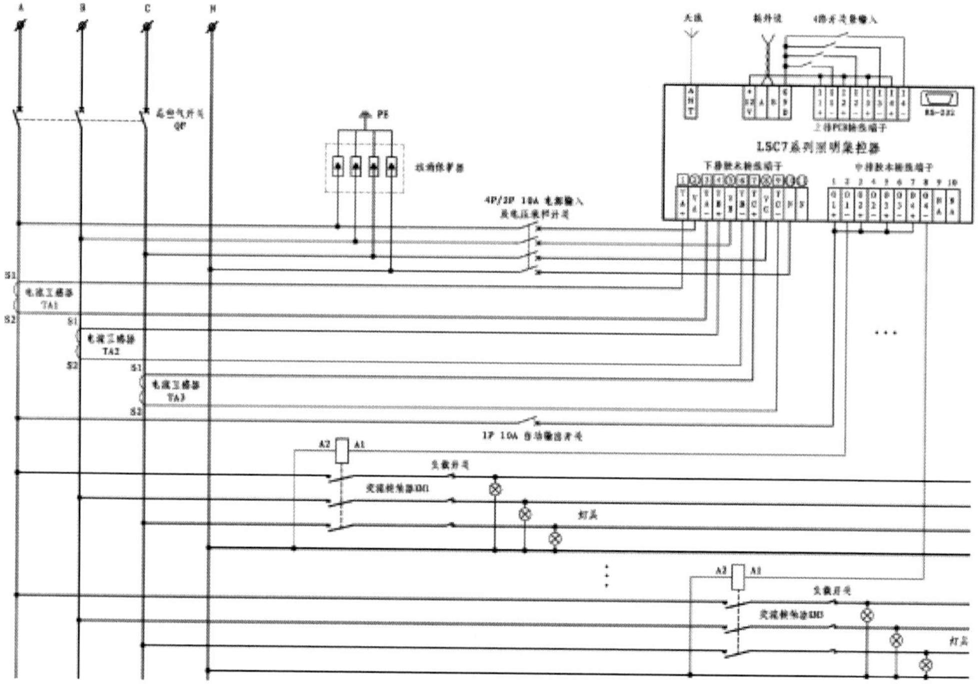

图 4.42 集中控制器产品接线图

5. 项目总结

① 安全提升：本项目建设完成后，系统稳定性良好，整体亮灯率基本保持在 98 % 以上，加上合理的照明设计，使得道路整体照明效果提升，尤其是急转弯路段和雨雾等特殊天气的交通事故率大大减少。

② 效率提升：基于 PLC 单灯控制器的使用，实现了遥控、遥测、遥信，精细化、动态化、主动化管理照明设施，整体的照明管理质量和效率显著提升。

③ 运维提升：本项目通过单灯控制器的状态监测和故障主动告警、主动定位，提高了运维效率，降低了安全风险，同时也减少了不必要的人工巡检次数，降低了运维成本。

④ 节能降碳：通过单灯照明控制系统的策略控制，实现按需照明，智能节能；加上新一代节能灯具的使用，整体道路的节能率达到 65 % ~ 70 %。

总体来说，本次项目的建设效果，得到了当地政府和居民的一致认可（图 4.43）。

图 4.43　改造后项目现场实景

第五章
展望

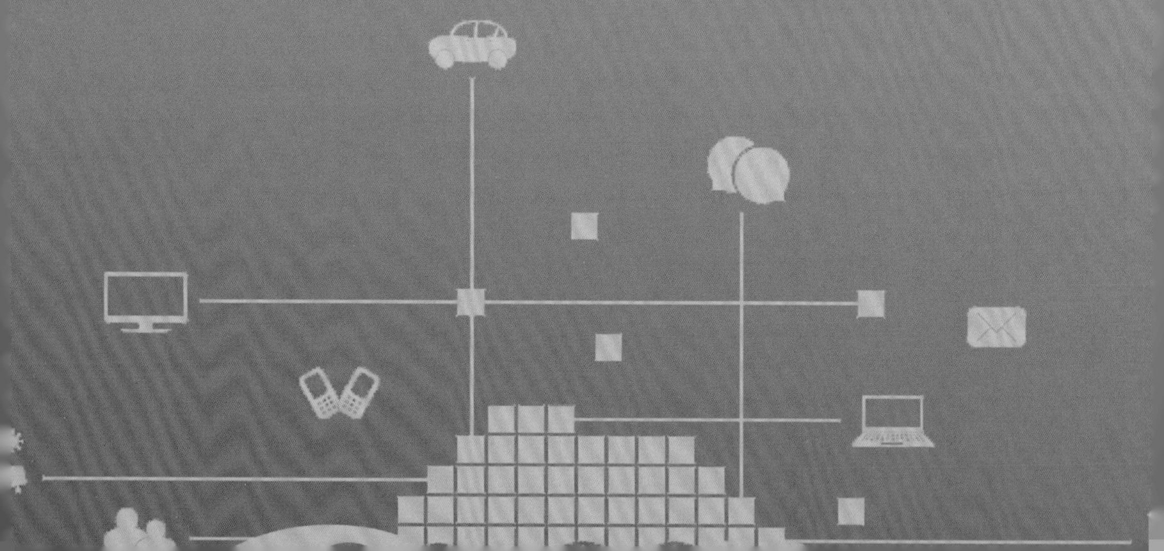

一、国内外 PLC 标准介绍

国际上，通常按照工作频段对 PLC 进行分类。其中，500 kHz 以下为 NPLC（Narrowband Power Line Communication），2 MHz 以上为 BPLC（Broadband Power Line Communication）。2018 年，由国内通信芯片公司联同中国电力科学研究院有限公司共同推出 IEEE 1901.1 宽带中频电力线通信规范，面向小数据量、低延迟，面向物联网数据采集和控制应用（图 5.1）。

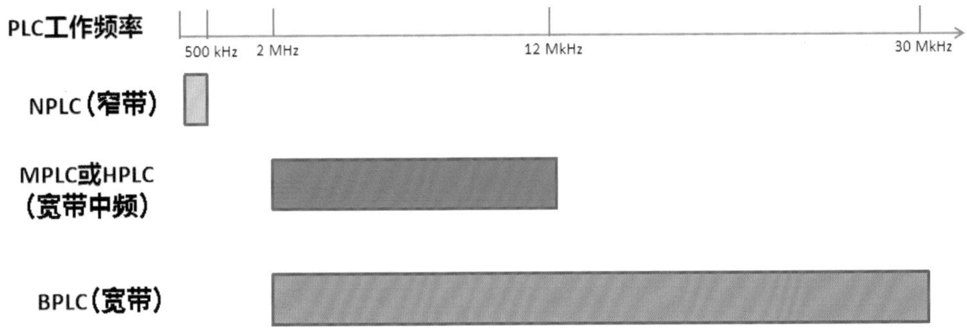

图 5.1　PLC 工作频段

（一）国际 PLC 主要标准

国际PLC主要标准见表 5.1。

表5.1　国际PLC主要标准、调制技术及芯片厂家

PLC类别	标准	调制技术	主要芯片厂家
NPLC	X10	脉冲调制（PPM）	PICO（英国）
	IEC 61334-5-1	扩频移频键控（SFSK）	ST（法国）、TI（美国）
	NPLC	二进制相移键控（BPSK）	Echelon（美国）
	IEEE 1901.2（PRIME-PLC）	正交频分复用（OFDM）	ADD（西班牙）
	IEEE 1901.2（G3-PLC）	正交频分复用（OFDM）	Maxim（美国）、ST（法国）
宽带电力线通信（BPLC）	HomePlug AV	正交频分复用（OFDM）	QUALCOMM（美国）
	HomePlug GreenPHY	正交频分复用（OFDM）	QUALCOMM（美国）
	OPERA	正交频分复用（OFDM）	DS2（西班牙）
	HD-PLC	正交频分复用（OFDM）	Panasonic（日本）
	BPLC	正交频分复用（OFDM）	Broadcom、Marvell（美国）
	IEEE 1901	正交频分复用（OFDM）	Broadcom、Marvell（美国）

（二）国内现有 PLC 标准

国内现有PLC标准见表 5.2。

表5.2　国内现有PLC主要标准、调制技术及芯片厂家

PLC类别	标准	调制技术	主要芯片厂家
NPLC	GB/T 31983.31	正交频分复用（OFDM）	力合微（LME）
MPLC	IEEE 1901.1	正交频分复用（OFDM）	华为海思（Hisilicon）、力合微（LME）
BPLC	GB/T 40786	正交频分复用（OFDM）	华为海思（Hisilicon）、力合微（LME）

二、PLC 技术在国内外的发展

（一）窄带低速 PLC

国外低压电力线载波通信应用起步较早，起初应用在 10kV 配电网、自动负载控制以及自动抄表领域中。在欧洲，英国 SWAB 公司在 1993 年就实现了地区范围内远程抄表、自动收费、系统能源管理的功能。欧洲、美国以及国际上相关组织或联盟先后推出多种窄带 PLC 标准，载波频带主要分布在 3 kHz ~ 500 kHz，并规定了技术类型，典型技术有扩频型频移键控（S-FSK）、频移键控（FSK）、相移键控（PSK）等。国内低压电力线载波通信技术是在 2000 年后发展起来的，主要应用电力线自动抄表。早期企业大多采用单一工作频点、简单调制技术如 BFSK、BPSK，通信速率大多在 1 kb/s 以下。

（二）窄带高速 PLC

正交频分复用技术（OFDM）相对于传统调制技术具有频谱利用率高、抗多径、抗频率选择性衰落等诸多优点，广泛地被应用在各种新型通信技术上，如 Wi-Fi、ADSL、DTMB、4G 等。OFDM 调制技术也被用在电力线通信技术上，如 2008 年西班牙 ADD 公司推出 PRIME-PLC 的 ADD 1021 芯片、2009 年美国 Maxim 公司推出的符合 G3-PLC 的 MAX 2990 芯片 、2010 年力合微（LME）公司推出符合 GB/T 31983.31 PLC 标准的 LME 2980 芯片。

（三）高速载波（宽带中频）

IEEE 1901.1：工作在 12 MHz 以下宽带中频 PLC 技术标准，2016 年 9 月立项，并于 2018 年 5 月发布。该技术采用了 OFDM 调制、双二元 Turbo 编码、时频分集拷贝等先进通信技术，为用户提供高带宽、高可靠、低时延、低成本的面向信息采集和智能控制应用电力线通信网络，相对 NPLC 速率大大提升，相对 30 MHz 以上的 BPLC 信号衰减小、传输距离更远，也远高于相对于传统工业总线和 Zigbee 通信速率，尤其适用于智能家居控制、智能家电控制以及智能照明控制应用。

（四）宽带 PLC

20 世纪末，美国 Intellon 公司率先推出符合 HomePlug 规范的 2 MHz ~ 30 MHz BPLC 芯片，主要利用电力线进行互联网接入、音视频传输。在此后的 20 年，BPLC 工作带宽逐步提高、通信速率也越来越高。后续日本 Panasonic、西班牙 DS2、美国 QUALCOMM、Marvell、Broadcom 等多家半导体公司先后推出自己的 BPLC 芯片。2021 年由清华大学牵头联合国内主流 PLC 芯片企业一起推出中国的 BPLC 标准《信息技术　系统间远程通信和信息交换　低压电力线通信　第 2 部分：数据链路层规范化》（GB/T 40786.2—2021）。

（五）小结

未来，随着物联网应用扩展，数字化时代发展，PLC 作为物联网本地主流通信技术之一，必将应用到各行各业。PLC 技术一方面继续向大带宽、低延迟、高可靠、大连接等方向发展，另一方面通过和其他通信技术融合形成多模通信技术，比如“PLC+ 蓝牙”，将更好地支撑物联网纷杂的业务应用场景。

三、照明行业及跨行业的发展趋势

智能化是人类社会发展的必然趋势。智能化需要传感技术、通信技术、数据处理和分析技术等多学科交叉综合，来满足人类的各种需求。

（一）照明行业发展趋势

照明行业整体智能化程度还不高，智能照明市场占有率还不到照明整体市场的 10%，说明智能照明目前处于朝阳市场，未来市场潜力巨大。

智能照明阶段也从前几年的仅对于灯具开、关的智能控制阶段，发展到对灯的调光、调色温阶段，当然这得益于 LED 技术的成熟和成本的大大降低。尤其近些年低碳、环保概念的提出，对于高效能的 LED 灯推广更加普及。LED 灯相对传统的照明灯具，通过 PWM 或 0 ~ 10 V 就可以通过 LED 灯电源驱动实现灯的调光、调色温，再通过多盏 LED 灯的组合可实现各种场景灯光，达到烘托氛围的效果。

灯光是一种人造光源，通过灯光的调节不仅能够提供照明基本功能，还可以减少人的负面情绪，提高人的生活质量。因此可以说，照明行业发展趋势必将与人追求美好生活保持一致，开关、调光、调色温、场景气氛灯控，最终达到随心所欲的智慧照明、个性化智能照明将成为照明行业下一步的发展方向。

上一章的案例，已经说明 PLC 技术应用在室内智能照明和室外道路智能照明相对其他技术具有无须布线、连接可靠、延迟短等优势。由于目前主流 PLC 芯片均为 SOC 芯片，内嵌 MCU 处理器且具有多路 PWM 接口，因此无须额外 MCU 和 PWM 转换电路就可以满足调光、调色温的需求。PLC 将作为一种标准通信接口，标配 LED 灯电源驱动。

（二）跨行业发展趋势

除智能照明之外，PLC 技术还广泛应用于智能电网中的智能电表用电信息采集、高耗能企业的综合能效管理、电动汽车充电桩智能管理、新能源智能光伏接入、电池智能管理、智能家电等多个领域。PLC 技术基于供电线路复用、提供便捷的通信传输能力，实现信息采集和设备智能控制。

在智能家电应用中，将 PLC 芯片或模组嵌入家用智能电器，并利用家庭现有的电力线作为 PLC 信号传输媒介，网随电通，进而实现智能家电之间的通信与控制。PLC 传输实现了智能电器之间的互联互动，搭建起了一个真实的智慧生活场景，可以尽享智慧科技带来的舒适与便捷。

另外，随着国家大力推行“双碳”目标以及加快新能源建设，节能和发展可再生能源成为重点。例如在智能建筑能耗管理应用中，通过 PLC 将所有用电设备的能耗信息采集回来，实现用电设备能耗的智能化管理和控制；在光伏发电领域，通过 PLC 实现光伏电站各个用电设备的智能化联动，极大提升电站的发电效率，大幅度提高新能源利用效率。

特别鸣谢

上海浦东智能照明联合会

广州和光同行信息科技产业有限公司

惠州市西顿工业发展有限公司

永林电子（上海）有限公司

华为终端有限公司

中山大学

上海市浦东新区科学技术协会

华荣照明有限公司

威凯检测技术有限公司

深圳市奇脉电子技术有限公司

欧智通科技股份有限公司

浙江佳普科技有限公司

惠州市元盛科技有限公司

广东巨业科技股份有限公司

中山市华艺灯饰照明股份有限公司

中山市华艺物业发展有限公司

厦门市致创能源技术有限公司

深圳微自然创新科技有限公司

TCL华瑞照明科技（惠州）有限公司

上海屹店智能科技有限公司

厦门人达科技有限公司

恒亦明（重庆）科技有限公司

重庆物奇科技有限公司

深圳紫光照明技术股份有限公司

深圳市力合微电子股份有限公司

苏州市高事达信息科技股份有限公司

昇辉控股有限公司

杭州联芯通半导体有限公司

广东海豚智家科技有限公司

浙江炬星照明有限公司

上海海思技术有限公司

浙江感同智联科技有限公司

中山市托博电器有限公司

中智德智慧物联科技集团有限公司

广东创明遮阳科技有限公司

广东金朋科技有限公司